◆ 青少年感恩心语丛书 ◆

逆境出人才

◎战晓书　编

吉林人民出版社

图书在版编目(CIP)数据

逆境出人才 / 战晓书编. –– 长春：吉林人民出版
社, 2012.7
（青少年感恩心语丛书）
ISBN 978-7-206-09120-9

Ⅰ.①逆… Ⅱ.①战… Ⅲ.①成功心理－青年读物②
成功心理－少年读物 Ⅳ.①B848.4-49

中国版本图书馆 CIP 数据核字(2012)第 150860 号

逆境出人才
NIJING CHURENCAI

编　　者：战晓书
责任编辑：王　磊　　　　　　封面设计：七　洱
吉林人民出版社出版 发行（长春市人民大街7548号　邮政编码：130022）
印　　刷：北京市一鑫印务有限公司
开　　本：670mm×950mm　　1/16
印　　张：13　　　　　字　　数：200千字
标准书号：ISBN 978-7-206-09120-9
版　　次：2012年7月第1版　　　印　　次：2023年6月第3次印刷
定　　价：45.00元

如发现印装质量问题,影响阅读,请与出版社联系调换。

目 录
CONTENTS

目录
CONTENTS

目 录
CONTENTS

目 录
CONTENTS

气　度

　　气度包括气魄和度量。气魄和度量的真正表现是在身逢绝境之时。

　　能够绝处求生才叫气魄，能够忍其不忍才叫度量。

　　人不可能一帆风顺。人最容易做到的是在顺境中表现气概和度量。因为一顺百顺，所以容易乘势而进；因为胜券稳操，所以容易显示度量。

　　那么逆境呢？逆境就是另一回事了。身处逆境，最难的是保持一种气概，因为处处碰壁，所以难以逆中求进；因为事事憋气，所以难以宽宏大量。

　　难持度量又要不失度量，靠的是意志的支撑。最可怕的是意志的崩坍，生命意志其实是很脆弱的。在逆境中不失度量，是对脆弱意志的一种反抗，坚强总是在反抗中再生。

　　那些在逆境中离你而去的人，终将在你的坦荡度量前无地自容。

放　松

　　把自己弄得紧张兮兮的并不难，难的是自我放松，一种真正意义的自然的放松。对于身心来说，放松大有裨益。

　　长期在都市生活，紧张忙碌的人们大都有一种压迫感。脑子绷得铁紧，常常身心俱疲。紧张虽然无形，却是无处不在，无时不有，如影相随。如欲解脱，便只能自我放松了。

　　自然，放松首先需要放心。把心放下来，身心才得获取一种真正的轻松感。问题恰恰出在我们的过于思虑，这牵那挂。有的事，你思虑牵挂是这样，你不思虑牵挂也是这样。再说，你思虑牵挂这件事，那件事牵不牵挂？你思虑牵挂了小事，大事你牵不牵挂？

　　自我放松。需向大自然寻求。暂别都市，访青山绿水，听鸟语花香，看飞瀑银帘，想天地万物，不知不觉之间，你就物我两忘了。你就进入一种自然的境界，自然使你放下了心，也获得并享受着真正的放松。

守 望

守望是个耐人寻味的字眼，守望就是看守了望。

对于已有要注意看守，稍有疏忽就会得而复失；对于未有要注意了望，时机成熟再去努力争取。

守而不望是不思进取，生命一旦不思进取，那还活着于什么？望而不守是得不偿失，现有的守不住，还望什么？

失去后总让人想起拥有时的珍贵，于是有了亡羊补牢；得到前总让人想起得到时的诱惑，于是有了志在必得。

对于生命来说，看守是一种自我保护，了望是一种积极发展。善于保护自己才能积极发展，否则何以为托？勤于积极发展更要善于保护自己，否则被人暗算了，还不知伤自何处。

痛定思痛，才读懂守望的个中滋味，才明白是该学会守望了。

退　让

退让，对于强者来说，是一种谦和、一份洒脱；对于弱者来说，则是一种软弱、一份无奈。

强者与弱者的冲突，极易成为一场令人难耐的持久战。因为，强者易迷信自己的力量；而弱者要维护自己的尊严。如果强者能先行退让，矛盾便会迎刃而解。清代康熙年间，桐城叶姓与当朝宰相张英家发生了地界纠纷，互不相让。张英知道后，便写了一首诗寄回家中："一纸书来只为墙，让他三尺又何妨。万里长城今犹在，不见当年秦始皇。"家中接到诗后，便后让三尺。叶家深受感动，也后退三尺。

这时，强者的退让是一种友善的表示，而弱者的退让则成为一种敬意的表达。

强者的退让最为可贵。它是以德性和理性为前提的，非大智大贤者不能为也。

弯曲，一门人生的艺术

山谷中，大雪纷飞，雪花落满了雪松的枝丫。当积雪达到一定程度时，雪松那富有弹性的枝丫就会向下慢慢弯曲，直到积雪从枝上一点一点地滑落，这样反复地积，反复地弯，反复地落，风雪过后，雪松完好无损，而其他的树，由于没有这个本领，枝丫早被积雪压断了，摧毁了。

一堆巨石被山洪冲到草地上，把一片小草压在了下面，小草为了呼吸那清新的空气，享受那温暖的阳光，改变了生长方向，沿着石间的缝隙弯弯曲曲地探出了头，冲出了乱石的阻隔。

对于外界的压力，要尽可能地去承受，在承受不住的时候，不妨弯曲一下，就像雪松那样，暂时让一步，这样就不会被压垮；就像小草那样，灵活地拐个弯，这样就不会被扼杀。

弯曲不是妥协，而是战胜困难的一种理智的忍让。

弯曲不是倒下，而是为了更好、更坚定地站立。

弯曲不是毁灭，而是为了退一步的海阔天空；是为了生命那张能笑到最后的灿烂的脸。

学会弯曲，也就拥有了对厄运的一种快乐的态度。

学会弯曲，也就学会了用美的感觉面对人生的苦难。

学会弯曲，也就学会了用更高的智慧去看清人世的沧桑。

弯曲，其实是一门人生的艺术。

（李爱武）

珍视你"卑贱"的财富

　　十多年前，12岁的我考入县重点中学读书。因离家太远，吃住都在学校，因想节约往返3元的车费，每次回家取东西都是向同学借辆自行车骑。看到家住县城的同学上课下课来去自如，而自己却时时为吃住煞费心机，心里特羡慕那些富贵人家的子弟。那时，十分酷爱文学的我看到别的同学桌上常摆些自己爱看的课外读物，而自己想买一本却要精打细算吃上一月廉价的饭菜，我更为自己贫困的家境深感自卑，渴望自己的父亲也能有个一官半职而不是面朝黄土背朝天。后来，我想我之所以一直勤奋努力，能够成为同届考中大学的幸运者之一，原因固然很多，有一点不得不承认，那就是为早日摆脱少年时代"卑贱"的生活。

　　作家韩少功有句切肤之言："人可以另外选择居住地，但没法选择生命之源。"在我们工人农民占绝大多数的国度里，许多人无法改变先天"卑贱"的身世，但可以通过自己的奋斗改变后天"卑贱"的命运。我不知道人的吃苦、忍耐、坚毅等优良品质能不能够遗传，但苦唯的经历和卑贱的生活的确能造就和磨炼一个人的负重精神。

当我大学毕业步入社会之后，越来越多地发现，那些工作中出类拔萃成就辉煌的佼佼者中，早年"卑贱"者不乏其人，中国从古到今这样的人物数不胜数，即使在国外，如英国梅杰、法国贝雷戈瓦、以色列拉宾、美国克林顿、俄国叶利钦，如果再把范围延伸到赫鲁晓夫、曼德拉、斯大林、梅厄夫人、田中角荣、阿连德等等，哪一个十几岁以前不是从偏远之乡贫寒之家的"卑贱"生活中走出来的呢？

　　一位诗人说过："苦难是人生最好的老师。"对于那些从贫困家境中走出来的成功者而言，"卑贱"更是一笔受益终生的难得财富。出身于殷实之家，确实可享受到好的教育，优越的家庭可提供常人无法企及的育才环境，但在同等条件相同机遇下生存竞争，"卑贱"者往往会比优越者更能利用和珍惜某些千载难逢的机会。中国古代有句名言叫"纨绔子弟少伟男"，国外也有一句至理名言叫"卑贱者最聪明"，因为"卑贱"者比优越者更懂得获之艰辛得之不易的深刻哲理。我的一位高干家庭的同事向我讲述了这么一件事：大学时，他的一位来自偏远小城出身一般工人之家的同桌，常常在饭堂排队间隙挤时间背英语单词，而他怕别人笑话，加上自己也从没想到这么去吃苦，待到大学毕业时，那位同桌乘"托福"飞去，如今又成了中直机构一要害部门的要员后，他才从昔日的回忆中发现，自己也有许多本该同样拥有的机会，但都因为不珍惜已悄然从指缝间溜走了。

是啊，也许你生于富贵人家，身为名门之后，也许你父母只是一般职员，生活拮据步履维艰；也许你祖辈什么也不是，只能世代务农，但从你开始，你就是你，你努力去做，该得到的就有可能得到，不去努力，即使得到的也会失去。

（李根成）

勤奋坚毅　踏出成功

　　记得那年春天，明媚的阳光照耀着大地，和煦的春风抚摸着花草。在这春意盎然的季节里，我穿上了草绿色军装，迈出了涉世第一步。

　　当初我想，在农村里握惯了锄、吃足了苦，部队一定比在家务农要舒坦得多。尤其是，军人英武豪迈，军队威武雄壮，令多少热血青年崇尚神往呀！这下好了，我终于跳出了"农门"，到梦寐以求的军营里去享受人间的幸福和欢乐了。

　　然而，令人始料不及的是，涉世之初的道路并非像我想象的那样一马平川。入伍后，领导命令我学习报务技术，这项看似轻松的工作，其实并不轻松。因为手握电键训练时，需中指弯曲用指背跪在铁硬的键盘上用力敲打，所以，几天训练下来，我的中指的指背便起了个硕大的血泡，疼痛难忍。当时，教员告诉我说，手指起血泡只是困难的开头，更苦更难的还在后头。天哪，手指都起血泡了，还说是困难的开头，这往后的日子可怎么过啊？这下子，我原打算到部队好好享受一下的希望彻底地破灭了，接踵而至的是消沉和后悔。教员似乎看出了我的心思，于是，在一个个训练的间隙，他给我讲人生的意义，讲革命战士的道德情操。无数次的循循善诱，使我对参军入伍的意义，对涉世之后人生道路的坎坷有了深层的认识。于是，我在困难面前暗下决心……

果然，不几天，血泡破裂，殷红的血渗了出来，手指很快便血肉模糊了，一阵阵疼痛直往心窝里钻。这时，我才真正地体会到了"十指连心"的滋味。要挺住！我暗暗地鼓励自己，紧咬着牙关，一点一划地跟着教员敲打。血，一滴一滴地滴下来，我用纸片擦一擦；疼痛袭来时，我紧咬着牙关。这时，教员又给我打气：手指敲破，渗出鲜血，这是必然过程，如果这时怕苦怕疼停止训练，就等于走回头路，下次从头开始就更困难了，说不准因此而被淘汰。于是，尽管疼痛钻心，我依然坚毅地挺住、挺住，努力摸索着操作要领。嘀哒、嘀哒，电键声声，清脆悦耳，然而，每一点一划的敲打，我都要忍受着巨大的痛苦。最后，皮开肉绽，露出了白生生的手指骨。这时，教员也开始发怵了，他劝我暂停训练。而我，却咬咬牙，坚定地说："这总比刺刀穿身强。"于是，我到卫生队要了点药，取了点纱布一缠，跟着教员坚强地敲下去、敲下去……看着这情景，教员的眼窝潮湿了，学员们也被感动得一片唏嘘。

尽管我忍着巨大的痛苦，费了九牛二虎之力，但这敲打电键毕竟是一门技术，由于我的手指严重破裂，影响正常操作，经过训练，非但没能掌握正确要领，反而出现了痼癖动作，电码中的"3"和"7"总是出现点划脱节的现象。任凭教员和我都尽了很大的努力，

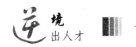
但我的痼癖动作一直未得到有效的改进。这时，教员和连里首长都犹豫了，像这样的学员还能不能训练出来？按照惯例，我必被淘汰改行无疑。然而，淘汰改行，这是多大的耻辱啊，这就好比飞行学员飞不上蓝天，水兵学员游不出大海一样。企盼的丽日艳阳，却被云霭遮掩；满怀的绿色希望，竟被风暴击碎。我的心坠入了痛苦的深渊，脸上在流泪心里在淌血。

夜幕笼罩着大地，营区一片沉寂安然，我躺在床上怎么也睡不着，便恹恹地来到了教室。我深情地抚摩着电键，百感交集、泣不成声：难道说，过去握锄的手不能够握电键？想到这，泪水便像潮水一样涌出我的眼窝。不知何时，一只温暖的大手搭在了我的肩上，我猛然回头，啊，是教员！蓦地，我一头扑在教员的肩上，浑身都在颤栗、悸动。教员的肩膀，成了我潮涌般的泪水濡湿的一片雨地。教员亲切地拍拍我的肩膀，温和地劝导我：战士流血不流泪，勤奋坚毅，才是战士的代名词。猛地，我抹去了眼角的泪，坚决地恳求道："教员同志，请你再扶我一把，我一定要训练出来……"

教员深情地点了点头，眼中，饱含着无限的信任和关爱。

此后，我更加刻苦地训练，别人训练一小时，我就挤时间训练两小时；别人拍发10页报底，我就拍发20页、30页。熄灯号响过了，我躺下后又悄然起床，来到教室，认真体验电码概念，仔细揣磨操作要领。夜深了，我怕教室的灯光射出窗户影响别人休息，就把灯泡用布包裹起来，只露出一束光柱照亮自己。有一次，由于裹灯泡的布长时间烘烤受热，险些引燃。就这样，通过灵与肉的搏击、血与汗的磨砺，磨破的手指慢慢地结出了老茧，操作要领也被我掌握了。我终于笨鸟先飞，在全班报务学员中第一批担任了战备值班任务。电波划破长空，战鹰腾空而起，此刻，幸福把我的心给飘浮了起来。

然而，我知道，军事技术的掌握是永无止境的，不能一劳永逸。于是，我平时练习坚毅不辍、从不停步。通过刻苦的实践和训练，我的报务技术突飞猛进，最终成了全团的报务尖子，首长和战友们对我刮目相看。不久，我这个过去几近被淘汰的劣等学员，却被上级机关任命为报务教员，后来，又担任了连、营干部。于是，我用自己的亲身经历、切身体会去训导学员、启发学员，为人民军队培养了一批批科学的"千里眼、顺风耳"。望着新学员们阔步奔向保卫祖国的神圣岗位时，我的心又一次陶醉在幸福之中。

哦，涉世第一步使我感悟：人生的道路处处都横陈着险峻的关隘，一个人从涉世之初就面临着艰难困苦、人生波折的考验，经历着理想、信念、道德、意志的检验。同时，涉世第一步，是一趟单程列车，无论是成功还是失败，都无法再回到已经驶过的站台上来重新选择哪一趟列车。因此，当人们迈出涉世第一步的时候，就要以正确的理想、坚定的信念、高尚的道德、坚强的意志来推动自己前进的脚步，把握人生的方向。不管你涉世之初选择的是何种职业，搏击在什么岗位，只要你勤奋、坚毅，就能踏出成功。

（卢仁江）

门在"壁"中

　　去年7月大暑天，晋南这座最炎热的城市的大街上，已稀有人影，几段柏油马路开始溶化，粘乎乎的使人拖不动鞋子。此刻的我，就在这样的天气里匆匆走着。画有企鹅、冰峰等图案的冷饮店，不时从身旁掠过，我用舌头润润干得出血的嘴唇，不由得摸摸仅有八元九角钱的口袋。但我心里清楚，这是绝对动不得的，我还要靠它返回300里外的家。忍受饥渴的煎熬，脑子里仍在不停谋划：下一回合将是怎样一番情形，自己又该怎样去面对呢？

　　这是第几次碰壁，连我自己都数不清了，其实这对我已无关紧要，渐渐成熟的思想，日趋坚定的信念，连同对这个家庭义不容辞的巨大责任，已"逼迫"我穿起宿命里的红舞鞋，一日不达目的，便一刻也不停止旋转。

　　我原本是如此不幸：父亲在我15岁那年远走天国，一家5口全靠母亲200多元工资苦苦支撑。到前年，母亲所在的工厂宣布破产，唯一经济来源也被切断。怎么办？高中毕业面临高考的我，只好牺牲自己，为全家人谋一条生路。

可一个初出校门的黄毛丫头，要在行行业业人满为患的当今社会，谋得一份勉强说得过去的事儿，也真不易。

有朋友说，你表叔不是开着肉食店吗，何不到那试试，店里正好缺人手，一说便成。想不到的是，进店第一课就让我心惊胆颤脊背生冷，表婶要我为顾客称肉时，往秤盘下放磁铁或假装无意粘肉块什么的，以抬高分量。我说这不是坑骗人吗？表婶一听顿时满脸的不高兴："不坑人利润会从天上掉下来呀？"当时我就想难道人的良心就值那几两肉？一时找不到辞职的理由，所以我只好继续公平合理地面对每位顾客。这下表婶真急了，很快为我找到一条"出路"，说"你不是学习蛮好吗？还不赶紧复习考大学呀！"记得当时我还对她笑了一笑，比哭还难看。

之后，我接连六七次到招聘单位撞运气，其结果每每都是乘兴而来扫兴而归。在此期间，我真正品到了等米下锅的滋味，与家里人向我伸手要钱又如数空缩回去的那种无以言表的难堪。

去年5月，本市一家铁厂招聘化验员。这是我的强项，没怎么费力就通过了书面考试与实际操作。工作不很紧张；又实行三班倒，于是，我利用业余时间发挥自己另一专长，拼命为报刊撰稿，每月下来约有三四百元稿酬入账。这下引起一些同事的不安和嫉妒，她们先是合谋疏远我，接下来又想方设法让我工作出错，或在人前出丑，有几次竟将小报告打到厂部，头儿们听信了小人的谗言，在不久后的大裁员中第一批"炒"掉了我。

被"炒"的那天，我说不上悲伤，也说不上忿恨，微眯着眼睛漫无目标地走在大街上，我不知道是怎样走进市图书馆的，随便打开的一本书，却神助似地让我读到林肯总统的一份个人简历，想不到他自22岁至51岁这30年间，影响他人生命运的重大挫折竟有14次之多——而这些打击，对一般人而言，每一次都是致命的……说来真怪，人的精神蜕变有时可以说是瞬间的事，再次走上大街，我感到自己分明就是一只刚由地底爬上树梢的新蝉，真想揽住头顶的太阳宣告一声：我要叫了！

我已不再怀疑自己，我明白，我之所以无数次地碰壁，其实是为了叩开那扇更适合自己的"门"，而我被人挤兑，也正说明我在某些方面已具有出类拔萃的才干。于是，每当遭挫，我都不忘给自己一个微笑，并安慰自己说："快了，锅里的水或许只差一度就要沸腾了！"

果不然，当我在世俗的白眼中，学会了隐忍与执着；当我在生活的跌打中，锻造了意志和信念，可恨又可爱的命运之神，倏然间向我点头微笑了。我几乎是一步到位坐在邻市一家著名股份制企业公司报社主编位置上的。这里没有妒才嫉能，方方面面任人唯贤，老总还很关心职员们个人前途的发展，允许在干好本职工作的同时，寻找实现自己人生价值的最佳轨道。我笑了，从身体到灵魂，都有一种真正住下来的感觉。

不错，在人生道路上，我们每个人都难免碰壁，但严格来讲，

"碰壁"也不完全都是坏事。应该说，每次碰壁都可以使人获得些什么的，只不过这种收获来得间接一些、隐蔽一些。它很像藏在砂中的金粒，只要有足够的耐心去淘洗，再用坚强的信念和毅力去熔炼，最终必将会成为一把把助你走向成功的金钥匙。

在此，鲁迅先生那段关于"路"的著名哲言，不由得也使我道出类似的话，这就是：生活的墙上本是无门的，磕碰得多了便有了门！

（改　变）

傲气与傲骨

徐悲鸿有句响亮而饱含哲理的话："人不可有傲气，但不可无傲骨。"

所谓傲气，一则骄傲自大，二则盛气凌人。骄傲自大是自我估价问题。或自己确实高人一等，优人一筹，先人一步；或自己并无过人之处，只是虚妄之见，抑或一时错觉。不管哪类情形，都是对自己作了较高的衡量和认评。自此难免一番臭美，炫耀于人。更要命的是一俟形成心理定势、行为定势后，便习惯于仰面朝天、俯视他人了。盛气凌人是态度问题。之所以有这般态度，是自我感觉有了资本，自满自足，盈气于内，形之于表，大有叉腰于道，舍我其谁的味道，不可一世，气势逼人，吓唬别人。说这是态度问题，其实也不单纯是，其中还有着奥妙的心理：即在气势上压倒别人，取得心理的优势，并逼人就范，令人臣服。

傲气也许只是闹闹脾气，或习惯不好。但其负效应却不可小视：其一，损害了自身形象。那模样、那姿态，乖张恣肆，惹人生厌，令人生气，让人不由想起"整坛醋不晃，半坛醋晃荡"的话来。这不要说让人服气、心折、欣赏、褒赞，单是这个态度，便不由地激起人的悖逆情绪，放眼伸手掂量掂量你到底有多少斤两，过后自是嗤之以鼻，一阵嘲笑。其二，导致裹足不前，不思进取。傲气原是对自己估价过好、定位过高所致。从而自以为是，不求再进。加上一有傲气，功夫都用在表现自我，设计态度上，哪还有心思再接再厉？如此这般，当初到底如何姑且不说，单说此后，那些默默无闻、埋头苦干、不懈努力者，自会创佳绩，写辉煌。到了那时，自己的傲气恐怕要变为泄气了。

傲气其实质是一种稚气，但确乎可气。让我们照一照镜子，打扫打扫自己，我们没有什么好傲气的，别让傲气妨碍了我们，束缚了我们的手脚。

徐悲鸿之所以把傲气与傲骨对举，原有他的缘故。但至少说明两者有着密不可分的联系。依笔者想来，当有三点：一是同有一个"傲"字。傲者，自许而不仰慕于人之谓也。傲气也好，傲骨也好，虽然"傲"的具体内涵有别，但都少不了这层意味。二是"气"与"骨"系相对的两种现象。"气"虽有势而实空，"骨"虽内含不见其踪但深藏厚重。三是"傲气"与"傲骨"同为做人态度，"傲气"教人孤芳自赏，唯我独尊；"傲骨"教人自尊自强，正气凛然。

傲骨，一则注重内涵的积蓄，二则坚守节操，维护正义。注重内涵的积蓄是内在修养问题。他决不仰附于人，也不蔑视他人；他的内涵十分深沉，总是从各方面补充自己、完善自己。他踏踏实实，

朴朴素素。不管他现在状况如何，他终必出类拔萃，卓然超群，因为他立定了人生的根。坚守节操是人格问题。优于他人也好，还是低人几分，他却自有主心骨。在别人乞怜于己时，并不轻做姿态，做救蛇农夫，忘却了原则和尊严；在别人利诱胁逼时，铮铮铁骨，宁折不屈，捍卫正义，决不会献媚奉承，折节铩羽。傲骨与媚骨、软骨、酥骨、懒骨截然不同，他认定了总是"走自己的路，让别人去说"；他一身正气，令人钦佩。

傲骨不是清高、冷漠、孤傲。它守的是信念，为的是真理。它不哗众取宠，而是甘守寂寞。就像那黄山松，枝枝劲骨，傲然挺胸，只守人格，并不为任何别的什么。它与傲气的根本区别是，傲气是一种肤浅，而傲骨是一种深沉。它能冷静地剖析自己，就像鲁迅不断地用解剖刀解剖自己。它会保持自我，发奋图强，就像中华民族面对列强诸国，自有一副傲骨。傲骨是一种信念，是一种动力。傲骨会走出一条自己的路。傲骨同时会闪射出迷人的人格美。有了傲骨，就有了原则和立场，就会正确处理任何复杂的事，就会赢得普遍的尊重。傲骨会给人增添动人的个性色彩，同时也显示出做人的应有风范。傲气与傲骨，一字之差，大相径庭，高下优劣，令人嗟嘘。我们自当剔除身上的傲气，铸炼一副傲骨。荀子云："赠人以言，重于金石珠玉；劝人以言，美于黼黻文章。"为检省众生做人处世计，我们当再次齐声高诵徐公警言："人不可有傲气，但不可无傲骨。"

（刘学柱）

我不懂，我可以学

在位于纽约华尔街的多伦多投资银行里，正进行着一场招聘面试会。

挑剔的考官对应试者出了许多他们根本没有学习过的知识，不少应试者沮丧甚至是愤怒地离开了。

这时，进来一位名叫高梅的中国女孩，她在加拿大读完了硕士研究生并拿到了博士学位。可在面试中，考官的许多刁钻问题令她根本无法回答，但她没有像前面一些应试者一样根据自己的合理想象来猜测答案或者起身离去，而是很诚恳地摇摇头说："不知道。"

正在考官准备说结束的时候，高梅站了起来，又是满怀诚恳而坚定地说："我现在不知道，但我可以学！""你可以学？"考官用怀疑的眼神看了看她后，又叫了两个职员过来，他们相隔得很远，然后用手比画着跟对方说了一分钟的话，然后考官问她："你知道他们在说什么吗？你能够学吗？"

结果不难想象，高梅既听不懂也看不明白他们究竟在说什么。这时，考官告诉她那种"手语"其实并不是"哑语"，而是在华尔街

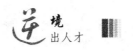
极为普遍的"工作手语"，那里面时常包含着一些特定的专业含义。对于刚从学校里出来的高梅来说，显然太陌生了。高梅再次用极其诚恳而坚定的态度说："我可以学！"

面试在没有任何结果的情况下结束了，但没想到一个星期后，高梅接到了多伦多投资银行打来的电话，她被聘用了！高梅那种敢于说"不知道"和"可以学"的勇气和态度打动了加拿大多伦多投资银行，最终被聘请为衍生交易项目的分析师，

进入多伦多投资银行工作后，高梅发现新人根本没有请教别人的环境，一切都得靠自己。证券交易是一个紧张运转的沙场，几乎所有交易人员都隔着老远用乎比画着跟对方说话，那些就是他们自己的专业手语，外人根本看不懂。刚开始，高梅只有硬着头皮自己学，她站在同行旁边，观察他们说的每个字，每个动作，然后把二者结合在一起，再配合当时的交易场景，分析揣测他们那些手语的内容，往往一个动作会猜上好几次才知道真正含义。

就在这种勇于说出"不知道"和"我可以学"的信念当中，高梅一点点地融入新环境当中。目前，高梅已经成长为在纽约掌管着17亿美元资产的著名金融公司的合伙人与投资组合总监，创造了许多不凡的业绩。在2009年的"华尔街十大中国女强人"中，高梅榜上有名！

长时间以来，我们一直把"知之为知之，不知为不知"作为一种可贵的美德，但从高梅的身上，我们发现在今天这个社会，仅

有这种美德还不够，在承认自己"不知"的同时，还必须要有一种"我可以学"的坚定信念，否则光有美德而不求上进，也是不可取的！

（陈亦权）

你能追上倒数第二名吗?

午后，一个小女孩不想去上学。妈妈问她为什么，小女孩说："妈妈，下午又要上体育课了，我不想让同学们嘲笑我。"

原来，由于先天发育不良，自从上小学后，纤弱多病的女儿每次体育课跑步都落在最后，这让好胜心极强的她感到非常沮丧，甚至害怕上体育课，这时，妈妈俯下身来，轻轻抚摸着女儿的头说："孩子，跑不快没关系，咱可以慢慢地追。"

"怎么追呀？人家第一名落我近半圈呢！"女儿委屈地说。

"那你和倒数第二名差多少呢？"

"那到差不了多少？"

"如果你努力一下，有信心追上倒数第二名吗？"

小女孩点了点头。下午上体育课跑步时，她记住了妈妈的话，她奋力追赶她前面的同学。果然，她把原来排倒数第二的同学甩在了身后。从此以后，每次上体育课，妈妈都要鼓励女儿追上前一名同学。结果小女孩的跑步成绩达到了中游水平。

接下来，妈妈把"每次追一名"的教育观点，逐渐引申到女儿的学习中，"如果每次考试你都超过一个同学的话，那你就非常了不起啦！"就这样，在妈妈的引导教育下，2011年，这个女孩顺利从北京大学毕业，并被哈佛大学录取，成为当年哈佛教育学院录取的唯一一名中国应届本科毕业生。

这个女孩名叫朱成。后来，她在哈佛大学又获得了硕士、博士学位。读博期间，她当选为有11个研究生院、1.3万名研究生的哈佛大学研究生总会主席。这是哈佛370年历史上第一位中国籍学生出任该职位，在当时引起了很大轰动。

（张　刚）

没有双臂的考生

　　高考结束了，在今年957万考生中，有一个失去双臂、用牙咬着笔迎战的考生最值得尊敬，他叫代军颂。

　　2005年9月15日，安徽省蒙城县岳阳镇岳坊庙村的代军颂走在放学回家的路上，他看见电塔上挂着一只蝴蝶风筝，便爬了上去，却被强大的电流击穿双臂。虽然保住了生命，可是他从此失去了双臂。

　　此后代军颂经常暴怒，他不想活了，对父母大喊："我连拉屎撒尿都要人帮忙，活着有什么意思？"父亲心痛欲裂却无言以对，母亲不敢离开儿子半步。代军颂赌气地扔下一句："你不让我撞死，我就饿死。"心力交瘁的母亲看了儿子一夜，早上去做饭时头晕目眩，一头撞在门框上昏了过去。代军颂看到母亲额头上绽开一条大口子，冒出鲜血，他惊慌地大喊着："妈！你怎么了？"母亲伸出手揽过儿子："我没事。"代军颂哭喊着："妈，我不惹你生气了，我听你的话。"母亲喘息着说："儿子，我相信你能战胜自己。"

　　可是失去双臂后，那些看似简单的事情，对他来说变得比登天还难，就连走起路来都摇晃不定。每天早晨不到5点他就得去上学，十多千米的山路，他走得磕磕绊绊，时常摔得鼻青脸肿。他不断地摔倒，又不断地爬起来，继续赶路上学，每天得走上两个多小时。为了上学，他早上从来不吃饭，为的就是在学校期间不去厕所。

失去双臂后，代军颂以顽强的毅力克服困难，学会了吃饭、洗脸、漱口、穿衣。从最初要别人照顾自己，到后来的和正常人一样生活。2005年12月初，代军颂开始练习写字了。他用牙咬住铅笔写字。刚开始，他每分钟只能写几个字，练了两个月后，他写字的速度快了。后来，提高到平均每分钟写二十多个字。不过，这是在他咬坏了五百六十多支铅笔后。

2007年6月26日，代军颂参加了中考。考试的课桌是给健全的学生用的，代军颂的个子很高，他用嘴答题，要大幅度地低下头写字，而且，在有限的时间内这么密集地写字答题太难太累了。一个小时过去了，他的头开始发涨发沉，脖子也越来越僵硬，汗珠从额头上雨点般地落下来。他以顽强的意志参加中考的举动被发现后，当地考务部门迅速向亳州市招生办汇报，经请示特批延长代军颂每科考试时间20分钟，并在该考场增加监考老师，及时为代军颂擦拭脸上的汗水、翻折试卷等，以确保代军颂能够完成答卷。

因为没有办法画图，导致他的分数被扣不少，但他没有怨言。在安徽省2007年中考中他考了545分的高分。发榜后，亳州市一所重点高中的校长特意来看望了代军颂。他对代军颂的母亲说："只要

代军颂愿意去我校读书，我们将免收高中三年的全部费用。"就这样代军颂被蒙城县第八中学破格录取。

就这样，代军颂凭借顽强的毅力坚持读书学习，今年他报名参加了高考。代军颂用自己的坚强和自信，在人生的答卷上书写着成功。

（苗向东）

败也天鹅成也天鹅

  刘武到青海湖旅游的时候，看到蔚蓝的天空下游弋着成千上万的候鸟，有天鹅、斑嘴鸭、绿头鸭，它们飞起来把整个天空遮了半边，相当壮观。刘武突然有了一个大胆的想法，假如有一天自己能够把天鹅养起来，也让这种景象呈现在家乡不是很好吗？

  刘武先买回了天鹅蛋，一个天鹅蛋要好几百元，第一次光买天鹅蛋就花了几十万元。不懂孵化，他就请养鹅养鸭的专家来帮忙，孵出小天鹅后按照养家鹅的方法养天鹅。养殖一帆风顺，三年后，已壮大成万鹅军团。这么庞大的队伍，何处安身呢？刘武干脆买下了广西南宁大王滩风景区的一千多亩地，并盖了一排排的天鹅棚。

  但是，万鹅大军光喂混合饲料，一天就一万多块钱开销，加上员工的工资、水费、电费，还有车辆运输费等等，一年要五六百万元的开支。终于，他被天鹅吃穷了吃光了，还欠了上百万的外债，债主上门，把他值钱的东西全部拿走了。

  其实，刘武不是没有挣钱的机会，有不少大酒店多次找上门来，可他一听说要把天鹅杀了上餐桌，价再高，他也坚决不卖，他说天鹅是国家二级保护动物，不能随便宰杀。可是，天天一万多张嘴等着他，成了一个非常沉重的包袱，怎么办？他想到了放生，下定了决心，就用车子先拉了一车到南宁邕江，这是一个很好的湿地，应是天鹅的好归宿了。可出人意料的是，他的车子还行驶在回家的路上，家里面电话就来了，工人说，放飞的那些天鹅已经飞回来了。回到家，那些天鹅亲切地奔他而来，嘎嘎地叫着围住他，争着用嘴扯他的裤脚。这番景象，让他潸然泪下。工人也被感动了，赶过来安慰他，大家一起想办法吧。

放飞放不走，卖掉不忍心，进退维谷的他干脆一咬牙，你们舍不得我，我就陪你们一起熬！结果是大家一起四处借钱，继续供养天鹅，舍不得扔下一只。

他不只是简单的喂养，更注重对天鹅的训练。他训练天鹅的飞行，诸如空中翻滚、转向调头、垂直起降、陆上立正、稍息、给人按摩等等。

有一天，北斗星车队和爱卡车队的一些朋友开车到他的天鹅基地来玩。刘武就把这些天鹅放飞给他们看，当时放飞了几千只，天鹅在碧空中自在地盘旋翻转。"哇——"他们感到非常震撼，就说："哎哟，你养那么多天鹅，这个飞行的景象太壮观了，可你没有收入，现在又那么困难，你还养它干什么？"刘武说出了他的两难处境。车队的朋友听说了，蛮同情又蛮敬佩的，就凑钱给他，当天他就收到了三万多元。拿着这三万多元钱，刘武想都没想就马上买来稻谷喂天鹅。看着天鹅快活地打着牙祭，刘武心里别提多高兴了。

　　高兴的当口刘武突然灵光一闪，哎——踏破铁鞋无觅处，出路不就在这里吗？这些车队里的朋友不就是因为看了他的天鹅飞行表演才自发捐钱的吗？假如把天鹅灵动的飞行表演跟景区合作，就是让这个天鹅到一个景区吸引更多的人，而且还能吸引人给自己钱，从景区门票收入里面再分一点给自己，岂不是双赢！当时刘武就跑到南宁市大王滩风景区旅游度假村，找总经理谈，说他那里有很多天鹅，飞行很壮观，还能听人的指挥作花样表演，希望彼此合作。经理一听，说他是天方夜谭做白日梦。他想事实胜于雄辩，就把经理请到农场去看。经理很好奇，真的随他来看了。不看不知道，一看经理就被震撼了，连声说："哇——这个东西，真的不得了！"结果当场就跟他签了合作合同，经理同意从每张98元的门票里面提30元钱出来给他。那个度假村一年接待的游客量大概可以达到30到40万，这样算来，一年的收入就能达到近千万元。

　　为了进一步扩大爱护野生动物、保护自然环境的范围，他应邀来到国家级湿地公园江西省鄱阳湖，驯养天鹅。如今，在广西桂林、广西南宁、河南三门峡等全国各大湿地公园都有了他繁育的天鹅。西安世界园艺博览会的组委会已经发出邀请，请他运送天鹅参展。他还打算买两架滑翔机，继续训练天鹅，带着天鹅一起飞，飞遍全国360多个城市，当有记者问他："这样不要花费很多的钱吗？"他说："现在赚钱是次要的，保护野生动物、爱护环境才是主要的。"

　　刘武，一个千万富翁，因爱鸟养鸟而倾家荡产，天下难找；又因爱鸟养鸟还原生态发展拉动旅游事业，重新成了一个千万富翁，更是天下难寻。他不在乎金钱，不在乎自己的起起落落，只在乎让天空时时有飞舞的精灵，只在乎让原本寂静的湖泊湿地生机灵动，只在乎人类诗意地栖居。

（胡征和）

直面挫折

　　在人生的旅途上，挫折常常与你结伴而行。挫折并非一无是处，其本身往往掩藏着变革的力量与机遇。害怕挫折、逃避挫折，结果只能掩盖挫折本身蕴藏的光辉。

　　挫折是一种资本，世界上没有不经过艰苦磨难而成就伟大事业者。只有经历了失败，才会享受到成功的欢畅；只有经历了苦难，才会领会到幸福的内涵；只有直面命运的残酷，才能铸就人生的辉煌；只有经历了大波大澜、大劫大难、大悲大恸、大羞大辱，才能壮阔、磨砺、清洗、澄明人的心灵。

　　挫折也有不利的一面，它会造成心理创伤，使人对自己的能力产生怀疑，削弱意志和能力，产生不安、冷漠、退化、攻击的不良反应。因而，挫折可以产生如下行为：

　　一是改向。在通往目标的道路上遇到挫折时常常采取改变方向的方式。有的人在挫折面前寻找自身的不足，从而挺胸、斗争、崛起，继续前进；有的人冷静地谋划对策，从客观实际出发，变通进取方式，放大回旋竞争的余地；有的人从自己的能力和业务专长出发，降低或改变奋斗目标，转换理想方向，使目标与自己受挫折的目标或其他人的目标相区别；有的人从另一个方面求得补偿和改善，继续追求自己的事业，这是理智的对抗。

二是自慰。自我容忍，自我安慰，认为是"命里注定""自己倒霉"，只能如此，就像狐狸吃不到葡萄却说那葡萄是酸的一样，就像阿Q挨了打也高喊姓赵一样，自寻梯子下台阶，自找理由以求心安理得。

三是逃避。弱者在它面前叹息发抖，一味地埋怨世事艰难、命运不济，把失败统统归罪于客观、归罪于别人，自我逃脱责任，自暴自弃，形成心理畸形，变得性格怪僻，常以怪态来处事交人。

四是压抑。巨大的挫折，会产生焦虑忧郁情绪，对所从事的工作和生活失去信心，因而采取自我加压政策，把受挫折的情感压抑住，使之变成潜意识。但高压一旦失控，就会走向攻击。

五是停滞。不只是对自己失去信心，对别人也失去信心、热心。认为前途缥缈、万事皆空，从而安于现状、不思进取，从此船到码头车到站，停滞不前。

六是反向。采取笑里藏刀政策，越是自己憎恨的人就越是亲近与屈从，背后可能隐藏着怨恨和杀机。

七是倒退。因挫折而别无他计，只剩下牢骚、消极、嫉恨、报复，常采取以牙还牙、以恶抗恶的态度攻击别人。凡是比自己强的人都是攻击的目标，甚至绝望而犯罪堕落，葬送了自己的前程。

一个真正能称得上聪明的人，并不在于把生活设想得多么美妙，而在于准备了怎样一种迎接挫折的精神状态和善于承受挫折的痛苦。这种人，很可能是一个人生步履沉稳硕果累累欢乐相伴的人，也只有这种人，才能直面挫折，感受到成功的喜悦。

（宋守文）

人生是奋斗出来的

　　16岁那年，我初中毕业，考上了当地一所技工学校，成为电工班的一名技校生。1995年，19岁的我毕业后被分配到西林钢铁公司第二炼钢厂，成了一名工人。

　　穿上了工装，走进了炼钢厂，展现在我面前的是怎样的一幅场景啊！那粉尘弥漫的现场，吐着火舌、冒着红烟的电炉，发出震耳欲聋炸雷般的轰鸣声，让我胆战心惊，望而却步。难道我将要在这里放飞我的梦想吗？我感到茫然。但我又想，那有什么用呢？晚上，我翻来覆去地睡不着，最终明了，世上从来就没有救世主，只能靠自己不懈地奋斗，才能改变命运。

　　我不想平平庸庸地过一辈子，而要有所作为。考虑到将来竞争会更加激烈，如果没有学历，肯定是行不通的。1996年，我毅然报考了高等教育自学考试，学习行政管理专业。这对于一个没有老师指导和传授的普通工人来说，无疑是个巨大的挑战。

　　记得报考的第一年，我试着报了一门法学概论，但是我还没有买到教材，这可怎么办呢？我就向一起报考的同学借了一本，把书拿回家抄了起来。工夫不负苦心人，等考完试一个月后公布成绩，我这科过关了，因此我对自考更加有信心。这期间，我也曾有过去工学院上学的机会，只因厂里效益不好，家里拿不出钱，不得不放弃了这次机会。生活最困难时，我去伊春考试，带上自己在家烙好的油饼，那滋味只有自己知道。我下定决心，要将自考进行到底。

边工作、边学习这个矛盾是一个绕不过去的难题。我解决工学矛盾的唯一办法是发扬雷锋的"钉子精神"，想尽一切办法去挤时间，刻苦研读。在繁忙的工作中，我常常把书揣在怀里，每当工余休息，我就趁工友们或抽烟或闲唠嗑的空闲，闪在一旁，从怀里把书掏出来，赶紧看上一会儿。

我是一名焊工，有时候为了处理炉顶漏水事故，电炉刚出完钢，我就得操起工具冲上去。此时的炉温有近千度，那灼人的热浪袭来，令人窒息。我脚穿的胶鞋，踩在那炙热的炉盖上，被烫得"吱吱"冒烟，身上的衣裤都被烤煳了，虽然我手上戴着厚厚的"大巴掌"，但是手背仍然被高温烤出大水泡……每次处理这样的抢修事故，就像被扒了一层皮似的，可是我还是硬挺过来了。等我从炉上下来，缓过劲了，便又拿起了我的自考书，着了迷似的读了起来。这时候，被炉前工看到了，他们嘲笑我说："装啥呀，电炉轰轰响你还能看进去书？你要是能考上大学，太阳都得从西边出来，哈哈哈……"这话深深地刺痛了我的心，对此，我选择了沉默，但心里憋着一股劲儿。我刻苦钻研行政管理课程。有段时间，为了加深理解并且弄明白一些重点内容，我中午带饭，在单位将就吃一顿，利用午休的一小时看书，一遍看不懂就多看几遍。

我清晰地记得，22岁生日那天，我在一次夜班检修中受伤，住进了医院。工友们说我命大。历经这次劫难，我忽有所悟，写下了这样的诗句："人善天必佑，人恶天不留。生死有何惧，乾坤任自流。"

由于长年倒班，晨昏颠倒，休息不好，加之工作和学习的双重压力，1998年，我感到健康出现异常，大脑像灌铅似的，昏昏沉沉的，心慌胸闷，整日失眠，痛苦极了。我不得不去医院检查，最后被确诊为"心脏神经官能症"，吃了许多药也未能痊愈，但我仍然坚持上班和学习，从未间断过。

自考的道路没有一帆风顺，经常碰到"拦路虎"。记得在考普通逻辑时，我足足考了三年。回想起那段经历，真是不堪回首。凭着这种韧劲，我考过了12科。到了2000年，我只差一科就结业了，可是没想到，这一年国家教育大纲改革，我所学的专业不但改了一科，还增加了两科。我没有气馁，而是鼓起勇气，迎接挑战。最终，2002年我如愿以偿地拿到了毕业证书，结束了长达7年的自考之旅。那一年，我26岁。后来，我又报考了黑龙江省委党校中文本科函授班，2006年顺利拿到了中文本科学历。这为我以后走上文学创作道路，奠定了基础。

最后，我想告诉大家：人生际遇就像随风飘落的树种，有的落在平坦肥沃的泥土里，有的不幸落在险崖绝壁的石缝中，谁也无法选择。然而，我们却可以选择坚韧、选择勤奋、选择自强，为了梦想顽强地与命运抗争，就像松一样，硬是在石缝中立壁斜出，劲枝擎天，长成了一道让人惊羡的奇绝瑰丽的风景。

（林振宇）

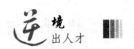

征服奥斯卡

　　我到夏威夷的一个五星级酒店应聘西餐主厨的职位，没想到来了这儿却干起了除草的活儿。后来才发现厨房里全是男的，很明显一个女孩儿并不受欢迎。去年有三个新招的女人都因被孤立而被迫辞职了。

　　又一周，我把一个棍子和石子吸进除草机里，结果它坏了，无法修复。我被调回厨房。我的"阴谋"得逞了。

　　接下来我被扔给了主厨。他会使用丰富多彩的话骂人，这个家伙凭这个为自己赢得了"盛名"，但同时，他又是一个六英尺高、120磅重的烹饪天才。所有人都怕他。

　　我让自己尽可能热情洋溢地去接近主厨。当然我也怕他，但我知道他是这个行业的大师，会教会我想知道的一切。在经过几个星期的基本配菜准备后，有一天他让我留下来准备第二天的一份大餐：蓝酪鸡排。直到此时，他和我的沟通全是粗暴的命令式的。我们在一起给许多鸡胸肉去皮剔骨。我无法想象地紧张，我的手颤抖得无法掩饰。他发现我的窘境，突然开怀大笑起来，一改他平时凶暴的样子。我也忍不住跟着笑起来。由于我的笑声的加入，不可思议的事情发生了：主厨开始和我交谈。在那之前，我甚至不知道他的名字。但接下来的两个小时，他告诉我他叫奥斯卡，来自意大利，在佛罗里达长大。他为五角大楼做了12年的菜。奥斯卡还告诉我他为军队的许多高官做过菜，包括国防部长切尼和鲍威尔。他看出来我有很多问题，但我也注意到他看我的时候眼神不一样了。

当我们把平底锅从炉子里拉出来的时候，美妙的味道溢满了厨房，我脱口而出："美味极了。"奥斯卡像个圣诞老人哄孩子一样努努嘴，毫无疑问他喜欢我了。

接下来的晚上，奥斯卡让我帮他准备大餐，而其他人都在准备普通餐点。当第一道菜下单时，我的心像小兔子一样跳动不安，但在奥斯卡的指导下，我深吸两口气顺利地完成了第一个任务。大约9点的时候，我们忙得不可开交，都在疯狂地干活，我没有多想，顺口大声对主厨报了一个菜单。"奥斯卡，"我喊道，"这道菜客人不要蘑菇！"

整个厨房都静下来，其他人想：我怎么敢叫他的名字，而不是主厨！一个家伙受了惊吓，把一个装着蓝酪鸡排的盘子摔了。奥斯卡停下脚步，发怒了，时间好像停止了，奥斯卡狐疑地瞪眼看我，但还是平静下来低声对我的问题作了回答。然后，没有转身，他大声喊道："白痴！"我头皮发麻。但幸运的是，他不是生我的气，是冲那个把大餐盘子摔在地上的家伙。"从我厨房滚出去，不要再回

来!"奥斯卡对他吼道。此事之后，厨房换了一批员工：五分之四是女人。

现在，奥斯卡不再发怒、粗鲁，他整天都在微笑，甚至把他过去的糗事拿来让我们开心。至于我，做了两年西餐主厨，开始按奥斯卡说的那样树立自己的声望。我一直和别人讲我的故事：逃避问题，问题仍是问题，如果面对它，才有可能得到答案。我开着除草机来到厨房，就是为了找到问题的答案。

（疯马　编译）

机会藏在勤奋中

　　那一年，他退伍回家，因为文化程度低，被安排到公安局当炊事员。

　　他干得很认真，踏实热情，深受同事和领导的称赞。后来，北京市公安局规定，大专以下学历的人须得另行安排工作，领导照顾只有小学4年级文化的他，让他到一家机关自办的小饭店里去帮忙。那饭店经理看他年轻又勤快，刚好手边又缺人，便向机关要求让他多留几天，冒充值班副经理搞搞接待，结果他干得异常出彩，这一干就是15年。

　　这期间，他自习文化，从借来的初中课本学起。他白天上班，晚上抄写生词，每天都忙到了晚上八九点。他喜欢看书，他读了在书摊上买的几本旧书，觉得自己写写也不会比它差。他心想，我写的也一定能变成铅字。他虽无学历但有几分阅历，当过兵，唐山大地震他参加过抢险救灾，经历中也有许多使他怦然心动的东西。于是，每天晚上9点以后，他便开始写小说。尽管夏天热得汗流浃背，他全然不顾，奋笔疾书。

开始他把小说都写在各种笔记本上，塞在家中的壁橱里。有一次，他的父亲偶尔找东西翻到了，便问他："你在写东西？写小说？你还写小说？"这让他很紧张，心里忐忑不安，他很希望父亲能看看他写的那些东西，但仍装出若无其事的样子问："爸，您看了吗？"没想到爸爸说："后边的呢？快拿来！"他暗自欢喜，他知道，自己成功了！

于是他把这部长篇小说又仔仔细细誊写了一遍，悄悄地寄了出去。可是一等3个月，如石沉大海，杳无音讯。他有点不甘心，就斗胆跑到编辑部打听，原来他的稿子还原封不动地堆在地上！这时，他恳切地对编辑说："老师，我等了3个月。请您拆开看一下，只看两页文稿！"编辑说："那好吧。"他又说："如果您看行，再看一章。不行，下个月我来取走。"

一个月后，出版社的编辑找上门来，通知他，小说要出版。结果，1985年，他的长篇小说出版了。那部小说叫作《便衣警察》。《便衣警察》一时风靡全国，洛阳纸贵。同名电视剧也走红荧屏，大江南北，竞相热播。

作者海岩一举成名。此后，《一场风花雪月的事》《拿什么拯救你，我的爱人》《玉观音》《深牢大狱》《五星大饭店》《舞者》等著作部部畅销，相关电视剧也部部叫座，他获奖无数。人们评论说海岩是近10年来最勤奋的作家，也是每年发表作品字数最多的作家。

海岩既是一位成功的作家，也是一位成功的经营者，管理着国内数家知名饭店，还是北京第二外国语学院兼职教授。在谈到生活的体验时，海岩说："我觉得人生的长河中有许多偶然的浪花，你不必担心没有这个，没有那个，只要勤奋，就有机会。"

（莫清华）

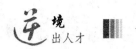

只在过年时哭一次

　　她坚强得只在大年三十那天哭一次。为什么偏偏在举家欢庆的时候哭呢？因为她太忙了，平时没有时间哭，即使到了除夕那天，也不得闲，上午要和员工们联欢，下午三点多才能赶回去和家人团聚。等鞭炮不再喧嚣，夜深人静了，她会开着车跑到无人的地方，一个人号啕大哭，把一年的伤痛一哭为快。

　　有人说，这就是她天生的性格，其实，父母带给她的影响更大一些。

　　那年，家庭风雨飘摇被人疏远的孤独和经济上的困窘包围着这个家庭，可她在父母的脸上和眼中从没感受到过消沉。四岁时，看小孩吃冰棍，她也想吃，可家里没钱，妈妈就把她带到楼后边，给她唱歌："宝贝，你爸爸正在过着动荡的生活，宝贝，我的好宝贝……"

　　父母白天在农场干活，晚上还要挂一个大牌子在大食堂里挨批斗，同时还要忍饥挨饿。她看到父母的样子很心疼，就想方设法回报他们。每当下过雨之后，她就到山上采地耳、蘑菇和山野菜，有时也到房檐上掏鸟蛋，然后做成各种好吃的菜肴，等父母半夜拖着疲惫和虚弱的身子回到家，分享美味。

后来她与父母回到北京，捧起了那个年代人人都羡慕的"铁饭碗"。然而看着因受尽磨难而病痛缠身的年迈的父母，她决定出国打工挣钱，改善他们的生活。在加拿大，她嫌打一份工挣得太少，觉得自己有能力、有体力也有精力，最不怕的就是吃苦，所以最高的时候一天打六份工，连续干16个小时。她在美容美发店帮过工，在餐馆当过小工，甚至在冷冻库里扛过猪肉，能想象吗，一个柔弱女孩竟然一下就能扛起一扇上百斤的猪肉。

就是这样的辛苦打拼，她"一天挣的钱相当于国内一个月的工资"。那时候，她真是嗜钱如命。有一次，她在一家餐馆当小工，老板在月终结工资的时候，竟然少给了她五美元。当时拿着工钱她就问老板："您算错了吧，少给了我五美元！"老板说："没有，那天让你找耗夹子，你用去了一个小时。"她无言，也无泪，只在心里发誓："一定要快速挣够两万美元，回去自己当老板。"

1991年，距圣诞节只有4天的时候，她终于拿到了许多人都梦寐以求的加拿大绿卡，也挣够了两万美元。此时，她没有任何留恋，立刻踏上了回国的飞机，开始了创业的历程。

她开了一家川菜馆，尽管在国外的餐馆打工已经干得心力交瘁，但她并不怕累。刚开始，掌柜、跑堂、掌厨、采购都是她一个人的事。那时有个朋友要她做好思想准备，说干上餐饮后女人会变丑。

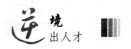

她也知道餐饮是个"勤行"，但小时候的"苦孩子"经历让她从不觉得苦，艰苦环境里磨炼出的性格让她觉得没有什么事能难得住她。她说："为什么总想不好的？为什么不想那九千九百九十九？"

如今，她已成为身家25亿的中国女富豪，她就是张兰。

只在过年时哭一次，不是没有苦，而是不让自己浸泡在苦水里，耽误了前进的行程。这或许就是成功者与普通人最不相同的地方。

（青青子衿）

给灵魂一个支点

　　他出生在山东一个农民家庭，自幼刻苦读书，2002年以优异成绩考入郑州航空工业管理学院。然而，谁也没有想到，2003年8月的一天，他因为在家里帮父母干农活，不慎从房顶上摔了下来。从此，这个原本健康的小伙子突然间变成了一个只有头会动的高位截瘫患者。

　　面对这突如其来的噩运，他伤心、绝望、消沉，想一死了之。可是，他却连自杀的能力都没有。他唯一能做的就是绝食，可面对父亲疲倦的面容和母亲红肿的双眼，他知道他们所承受的压力并不比自己轻松，他实在不忍心再去伤父母的心。

　　住院的那些日子，为了给他看病，家里债台高筑。那天，昏睡中的他隐隐约约地听到父母的对话："医生说让转院，钱凑不够，咋办？"接着就听见母亲低沉的啜泣声，只听父亲说："我去找找看哪里有卖血的。""卖血"霎时深深地刺痛了他的心。那一刻，他彻底打消了死的念头，决定向命运挑战。

　　2007年春节时，高中时的几个好友来看望他，竟然带给他一台电脑，并帮他开通了宽带。他感动得热泪盈眶。可是，喜悦过后，面对自己绵软的双手，打字谈何容易？一天他在家看电视时，看到有一个断臂的残疾人，用牙咬着毛笔写字，他灵光一闪，能不能用牙咬着筷子打字呢？他急忙让母亲帮他拿来一根筷子，用牙咬住筷子的一端，一试效果果然不错，于是，他开始用牙咬住筷子在键盘上练习打字，多少次，筷子在他嘴上不听使唤，一次次从嘴里掉到键盘上，然而他并不气馁，而是一遍又一遍地练习着，一直练到嘴里戳出了血。经过几个月的反复练习，他终于可以熟练地打字、上网了。

一次，他听到几个乡亲无意中说到村里的辣椒一直不好销，一个个唉声叹气、愁眉不展。说者无心，听者有意，这件事深深触动了他，想起自己出事后，乡亲们有钱的出钱、有力的出力，他多想为村里这些淳朴的父老乡亲做点事情呀！于是，他开始试着在一些农贸网站上发帖子，父亲又请来一个摄影师把辣椒的照片拍下来，这样一来，信息图文并茂更有吸引力了。没想到过了几天，真有客户打来电话询问，后来打电话的越来越多。父亲把这些信息转达给乡亲们，结果卖出了一些辣椒，但客户嫌东一家西一家收购很麻烦，少有回头客。

就在他一筹莫展时，2009年1月底终于迎来了转机。三门峡市一家酱菜厂的采购员联系上了他，问能否在3天之内给他备齐30吨辣椒，他带现金来买。他激动地一连串地回复对方："能、能、能！"

最后，他终于将滞留的辣椒全部卖出，解决了全村辣椒销售难的问题，并为村民担任起辣椒销售经纪人。躺在病榻上的他从而成为四里八乡闻名的"大能人"。他就是赵仁伟。

英国小说家萨克雷曾说过："大胆挑战，世界总会让步。"融自信、刚毅、爱和希望于一身，以筷子为支点，加长自信的杠杆，奏出生命最强音，世间的一切困苦都会为成功和幸福让路。所以"2010感动中原十大年度人物"评选委员会给赵仁伟的颁奖词是："他不能站立，却能顶起家乡群众的希望。他经历灾难，却还要把幸福传向四方。一根筷子成了他与世界间的桥梁，而这桥梁的基石是他的不屈与坚强。"

（王凤英）

做一粒健康的种子

在一档求职节目中，一名求职者刚一登台，就信心满满地向各位老板说："我想求一份策划师的职业，各位老板，我脑袋里装有很多好点子，能保证让贵公司的业绩在原有的基础上提升30%。"

他这么一说，这些老板都笑了，其中有位老板问道："这么说，你就是传说中的千里马，来这里寻找伯乐了？那你告诉我，什么叫策划？能具体说说你的策划吗？"于是，这位求职者就夸夸其谈起来。

听完他的叙述后，很多老板都将他的通关灯灭掉了，面对这名求职者的不解眼神，一位老板说："年轻人，我要告诉你的是，策划不是天马行空、突发奇想抛出一个所谓的点子，它涉及很多方面的东西，关键要有可执行力，看来，你要学的东西还很多。我建议你选择一份销售工作试试看，因为，我发现你的表达能力还不错，也许这份工作更适合你。"

这位口才很好的求职者之所以求职失败，是他没有结合自身特点准确定位，不知道自己到底适合做什么工作，求职思路非常模糊。

表弟高中毕业后，没有考上大学，就去学无线电维修，学了半年，沮丧地回到家，对父亲说："老师说我大笨了，不适合学这个，还是学别的手艺吧。"父亲说："儿子，没关系，那你就学别的。"结果，表弟听说当挖掘机手赚钱，又跑去学挖掘机，不到三个月，又是以失败告终。这回，表弟更加丧失信心了，整天窝在家里，什么也不想做，总觉得自己太笨。

有一天，表弟去菜园找父亲有事，正巧见父亲在菜园里撒种子，父亲就对儿子说："一块地，不适合种麦子，可以试试种豆子；豆子也长不好的话，可以种瓜果；瓜果也长不好的话，撒上一些荞麦种子一定能开花。因为一块地，总有一粒种子适合它，也终会有属于它的一片收成。但是，你一定要是一粒健康的种子，这样才能发芽、开花、结果。"表弟听到父亲说的话，觉得很有道理，他对父亲说："爸，我懂了！只要我努力，我一定会找到适合我的工作。"之后，表弟去了北京，跟一位亲戚做起了服装生意。别说，表弟虽然学手艺脑子反应有些慢，可是他也有优点，就是口才好，善于与人沟通，又能吃苦，做服装生意正好发挥了他的长处。就这样，不到三年，他也成了老板，拥有了两个门面。

杂交水稻之父袁隆平有一句名言："人就像一粒种子，健康的种子，身体、精神、情感都要健康。我愿做一粒健康的种子。"如果我们安心将自己视作一粒健康的种子，无论种在哪里，哪怕是在贫瘠的土壤里或狭小的石缝中，也会倔犟地破土而出，努力地茁壮成长。

（陆杏清）

上帝的那扇窗不会自己开启

"上帝关上了一道门，同时也会开启一扇窗。"

以前，很喜欢这句话，因为它能给身处困境的人送去希望。作为教师，我曾把这话送给学生，那时觉得正确无比，学生们也感觉像心灵的鸡汤。可几天前的一件事让我对这句话有了新的认识。

我的一个学生，幼时左臂截肢，高考落榜后，父亲帮他开了一个小店，他觉得自己独臂给人送货大辛苦，不久，把店关了，去了一家歌厅管音响。时间不长，他仍觉不爽，辞职而去。四年后，我再次碰见他，"还没有找到适合的工作。"一阵局促后他对我说："老师，您曾对我说过，'上帝关上了一道门，同时也会开启一扇窗。'可是，这么多年，上帝怎么就没有给我打开任何一扇窗呢？"

直到此时，我才意识到，当初的灌输多么肤浅。于是，艰涩地说了几句后落荒而走。

细想起来，这格言更像一句谜语，猜不透的人误以为仁慈的上帝一定很讲求平衡：在此处少给你半斤，就会在彼处补给你八两。而事实并不是这样：上帝关上了一道门，从未同时为你开启一扇窗，上帝做的，只是告诉你有窗，其他的已经不是上帝的事情。这就是这句话的谜底。其实，但凡知道这个谜底的人，都不会祈祷上帝的恩赐，他会自己努力去"开窗"。

斯蒂芬·威廉·霍金，21岁时，上帝关上了他的健康之门，卢伽雷氏病症使他全身肌肉萎缩，腿不能走，手不能写，嘴不能说，整天被禁锢在冰冷的轮椅上。仅有的资本就是一颗大脑和可以活动的两根手指。霍金没有祈求上帝："给我打开窗吧！"而是凭着顽强的毅力和不懈的努力，自己推开了那扇窗。46岁那年，他出版了伟大的《时间简史》，他也被誉为"在世的最伟大的科学家""另一个爱因斯坦"和"宇宙之王"。

法国人菲利普·克罗松，他26岁时，上帝也关上了他的健康之门，因触碰高压线，双臂和双腿都被截肢，但他相信，也有一扇窗是为他准备的：做游泳健将。为了打开这扇窗，他聘请教练学习游泳技巧，在自己残存的上臂上安装假肢，大腿上套上脚蹼，然后，头戴潜水镜和呼吸管下水，每周坚持35小时的魔鬼训练。2010年9月18日，他胜利横渡34公里宽的英吉利海峡。上帝为他准备的那扇窗，最终被他打开了。

有个女孩儿叫王千金，镇江人，今年18岁，脑瘫患者，除了头部，其他的部位都动弹不得。王千金没有绝望，坐在轮椅上，苦练用嘴唇敲键盘，瞄准了一个键"按"下去，一下，一下，艰难地敲出一个又一个汉字。就这样，她硬是写完了20万字的小说，并成为

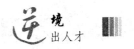
网络签约作家。她也打开了上帝为她准备的那扇窗。

海伦·凯勒、奥斯特洛夫斯基、高士奇、张海迪……他们都清楚，上帝不会为他们做什么，更不会包办他们的成功。但，他们都成功了。

我的那个学生损失的只是一条胳膊，他本来有足够多的机会去打开那扇窗。但是，他没有。为什么呢？因为他在"等待上帝恩赐"。

如果再次回到课堂，我会告诉学生：无论是谁，上帝都不会给予多一点的恩赐，只会给身处逆境的人以成功的希望。不同的是，坚强者在希望中奋斗，而懦弱者则在希望中等待。

（孙建勇）

一位 "90后" 的微博致富秘诀

　　19岁的赵成是南京市十二中一名普通的应届毕业生，为了赶时髦，他于2010年3月27日注册自己的"差不多先生"微博。放暑假后在家里没事干，就不断回复别人的评论，到7月份，粉丝就达到五千多人。这让他很兴奋，开始研究如何将微博"养大"，遂采取了如下措施：

　　赵成认为，要想增加粉丝，必须给微博一个大气的官方化名称。苦思冥想后，将原"差不多先生"改成了"糗事大百科"，这样就与微博的内容很贴近。他还精选了一套女娃娃搞笑的可爱表情做背景，头像也与他本人极为相似。而改名字只是开头，要想快速拥有货真价实的粉丝，还需找到一个强大的依靠，让人们关注自己。赵成发现，其实草根微博已开始划分势力范围拼命扩张，针对此现象，他瞄上了草根微博榜的前几名，通过不断投稿，渐渐引起了"牛博"们的关注。

　　而那段时间几个"牛博"也处在快速成长期，需要高质量的内容，而他的内容质量不但高，趣味也足，正迎合了此种需求，到8月底，就获得好几个"牛博"的关注，稿件也不断被转发。每转发一次，他的"糗事大百科"都出现在几个"牛博"上，自然而然引起了"牛博"粉丝的关注，每天都呈现爆发式增长，一天有四五千人加他成了常态，甚至出现过一天突破万人次的可喜局面。他抓住这一有利时机，用5个月时间专心投稿，使粉丝快速增长到35万人次，强势挤进微博转发榜前3名，其影响力不亚于一家中等规模的都市报。

传帮带。正当他沉浸于喜悦之中时，却发现一个问题：加他关注的粉丝在明显减少，一天不足上千人，月增长不过两三万人。他敏锐地意识到，要保持微博的生命力，仅靠"傍大款"不是长久之计。经过深思熟虑，他决定开辟第二条"战线"：选定几个与他粉丝差不多的企业为合作伙伴。"企业发展需要借助微博的影响，我也需要他们的粉丝，他们发我转，我发的他们也转，由此引起彼此粉丝的关注。"这一招，使"糗事大百科"又迎来新的飞速发展期，仅5个月，粉丝就增加近20万人，到2011年6月已突破60万人。

那段时间，赵成的多条微博转发都超过一万人次。2011年4月17日，他发了一条微博：经过《喜羊羊与灰太狼》全集统计，灰太狼一共被红太狼的平底锅砸过9544次，被喜羊羊捉弄过2347次，被食人鱼追过769次，被电过1755次，捉羊想过2788个办法，奔波过19658次，足迹能绕地球954圈，至今一只羊也没吃到，他并没有放弃……这条微博被转发近两万人次，包括"微博女王"姚晨，还有明星小沈阳、陈乔恩、李金铭等。尤其因出演《爱情公寓》中美嘉而走红的李金铭，还专为他挑选了现在的微博头像。

敢冒险。2011年5月4日晚10点22分，赵成发了一条微博："贴吧里看到的大冒险游戏：写下自己的手机号，看有没有人会给你说晚安。要玩的就玩，如果有人不爽可以不看。下面开始游戏，只要把自己手机号留下来，看看有没有人会每天对你说晚安。"同时也留下了自己的手机号。

对于传统的国人来说，向陌生人公开手机号无异于泄露隐私。但赵成认为，这对于有叛逆心理的"80后"和"90后"来说，却能吊起他们的好奇心。

果不其然，这条微博发出不到一分钟，他就接到"晚安"的短信，还没等他回过神来，一个国际长途打到他手机上，对方是一个韩国女孩儿，对他说："我觉得这个游戏很有创意，就试着打一下电话，没想到还真打通了。"那一夜，赵成收到1000多条短信和600多个电话，手机差点儿被打爆。

南京一男青年在给赵成的短信中说："这个游戏很有新意，当晚我接到6个电话和70多条陌生人的短信问候，这让我感到，在人情越来越淡漠的今天，竟有这么多人在关心自己，无形中让我对生活充满了信心。真诚感谢你办了这样一个令人温暖的游戏。"那一刻，赵成只觉得浑身暖流在涌动。赵成在事后得知，这个冒险游戏仅在"糗事大百科"上就有12600多人参与。

谋转型。赵成并未被胜利冲昏头脑，他冷静对其间的得失做了总结，得出一个结论：要想保持长盛不衰，必须在第一时间抢占热门话题，转发各种有趣素材，而这又需要大量时间。他便放弃了打游戏、逛街、课间活动和网聊，全身心查阅资料并予以加工，再配上精美的图画，更使微博增强了感染力。

在发布的内容上，他绝对把握几个原则：讲究趣味；绝对真实；不捕风捉影；不低俗色情；不打政治擦边球。他非常严肃地说："60多万粉丝遍布全国各地，甚至海外，影响力不亚于半个江苏卫视，自己稍有不慎，造成的坏影响不可估量，一点儿也马虎不得。"

成为草根微博百强博主后，很多广告商找到赵成要与他合作，但他只是接一些软广告，仅这些月收入就达两万元。他说："我若要答应了所有广告商，收入肯定不止这个数，那我就失去了做人的根本，更寒了粉丝们的心，我绝对不能那样做。"

微博改变了赵成，使他从一个腼腆内向的大男孩儿，成为一名自信的草根微博百强博主。他下一步的打算是，大学期间，在不放松学业的同时，采取更加切实有效的措施打理微博，年底使粉丝达到100万人。他满怀信心地说："其实很简单，只要勇敢地迈出关键的那几步，你就有了自信，并不懈为既定的目标而努力，成功就一定会出现在眼前。"

（张达明）

假设和如果

一个人年轻时好吃懒做、虚度年华，当他年老时碌碌无为、一事无成，他只好四处流浪。一天，他饿倒在一处草丛里。

老人在草丛里做起梦来，梦中他跪拜在佛陀面前请教道："大慈大悲的佛祖，假设我现在还年轻，我发奋努力，是否能够拥有美好的前程，过上美好的生活呢？"

佛陀说道："人生没有假设，你只能艰难度日。"

老人又问道："如果还有来生，我认识自己此生的过错，改过自新，勤奋努力，是否能够改变自己的命运，造就美好的一生呢？"

佛陀说道："人生没有如果，你今生注定了悲惨。"

老人从梦中惊醒，他对着天空大声叹息道："人生没有假设，没有如果，我只有痛苦地挨过自己悲惨的余生了。"

（吴礼鑫）

朋友牵手一起走

　　这一年秋天，6岁的徐凤娇就要上学了。可是，她却一点儿也高兴不起来。因为，她的好朋友邹梦娇由于腿部残疾不能跟她一起去上学。而在此之前，两个人约好要一起上学。

　　邹梦娇比徐凤娇大一岁，两个人都生活在山东省莱阳市团旺镇的农村。不同的是，邹梦娇是一位脑瘫患者，不能正常地走路。为了给邹梦娇治病，邹父不得不外出打工挣钱。邹母一个人在家，整日，忙里忙外，实在没有精力天天接送邹梦娇上学。

　　正在邹梦娇为不能上学的事在家中哭泣的时候，徐凤娇来了。徐凤娇对邹母说："阿姨，让梦娇姐跟我一起上学吧！"邹母说："我也希望她能到学校去读书，可是，她的腿有毛病呀！"徐凤娇说："让她拉着我的手，这样就能跟我一起上学了！"邹母看了看只有6岁的徐凤娇，将信将疑。不过，当她看到女儿渴求的目光的时候，她的心软了，答应了徐凤娇的请求。

　　徐凤娇牵着邹梦娇的手，开始了她们的求学生涯。东石格庄小学距离徐凤娇的家将近3里，而邹梦娇的家距离徐凤娇的家有1里。

为了能够按时到校，徐凤娇每次都要提前20分钟去接邹梦娇。无论是刮风下雨，还是大雪封门；无论是烈日当空，还是天寒地冻，徐凤娇从没有间断过。有人给徐凤娇算了一笔账：6年下来，徐凤娇就多走了900里路。这对于一个小女孩来说，是多么的不容易呀。

初中的时候，邹梦娇要住校。住校的邹梦娇虽然不再需要徐凤娇天天接送，但是，离开了妈妈的邹梦娇面临的困难更大。因为，邹梦娇的腿不灵便，生活不能自理。她上学需要照顾，放学需要照顾，吃饭需要照顾，睡觉需要照顾，上卫生间也需要照顾。这么大的责任，徐凤娇还会承担吗？还能承担吗？正在邹梦娇困惑的时候，徐凤娇再次找上了门。

邹梦娇胆怯地看了看徐凤娇，说："你一个人去吧，我不想再读书了！"徐凤娇说："你怎么了？咱们说好要一起读书，一起升学的！"邹梦娇说："可是，我的身体你是知道的。初中不比小学，我实在不忍心再连累你。要是耽误了你的学习和前程，我就是死了也不能瞑目啊！"徐凤娇说："梦娇姐，无论再难，我也不会丢下你不管的！"那一刻，邹梦娇感激的泪水禁不住涌了出来。

在徐凤娇的请求下，学校把徐凤娇与邹梦娇调整到了一个班级。班主任又让她们坐同桌，住一个宿舍。由于住宿，加上初中学习更为紧张，梦娇生活上的困难更大了，而凤娇对她的照顾也更细致了。课下，"双娇"是亲密无间的伙伴；课上，她们又是较着劲学习的"对手"。在大家的眼里，"双娇"就是一个人，生活、学习的动作完

全一致。2011年，徐凤娇与邹梦娇初中毕业，双双以优异的成绩考上山东省莱阳市第九高级中学。

最暖人的关怀，莫过于朝朝暮暮想你所想；最平实的诺言，莫过于岁岁年年牵手相伴。徐凤娇无微不至地照顾了邹梦娇9年，她们之间流淌的年少情谊，就像是一幅水墨画一样，慢慢地在人生中延伸晕染。

在高中报到那天，徐凤娇牵着邹梦娇的手，再次一同出现在莱阳九中的校园里！是呀，朋友就要牵手一起走。

（清　风）

将逆境踩在脚下

人的一生不可能处处有彩虹，事事皆如意，到处都有鲜花与掌声那只是人们的一种美好期待。正如地上的路，有时候平坦如砥，风光无限好，有时候又荆棘密布，坎坷丛生。又仿佛广阔无垠的大海，平静的海面下暗流涌动，一般行船好像劈波斩浪，惬意从容，很可能转眼就会险象丛生，起伏跌宕。当厄运来临之际，有人责怪上天的不公，愤懑抱怨；而有的人则面对逆境，坦然一笑，勇敢地昂起自己的头。

将逆境踩在脚下是一种胆魄，一种毅力，一种执著。越王勾践的故事家喻户晓，亡国之痛是他面对的最大逆境，成为囚徒是他人生遭受的莫大耻辱，而他并没有沉沦堕落，"卧薪尝胆"是锻炼他毅力、执着的最好方式。靠着执着的信念励精图治，他寻找时机，在逆境面前勇敢地挺起自己的脊梁，最终实现了"三千越甲可吞吴"的豪迈。

将逆境踩在脚下是一种坚强乐观的人生态度。张悉妮——90后代表作家之一，被誉为中国青年一代阳光文学掌门人，9岁开始发表

作品，14岁出版了风靡网络的长篇小说《童言无忌三国志》，15岁以自己的独特生活经历和人生体验写出了自传体长篇小说《假如我是海伦》。在人们对她称赞有加的时候，有几个人知道，张悉妮3岁时被确诊为双耳重度耳聋，属于药物性的永久失聪，面对身体残障和生活的艰辛，她自立自强、乐观向上、顽强地和逆境抗争。在无声的世界中，用写作充实自己的精神世界，用写作诠释生活的内涵，被誉为"中国的海伦"和"文学千手观音"。

法国画家让·弗朗索瓦·米勒年轻时穷围潦倒，妻子的去世和艺术的止步不前令他异常苦闷，为了生存，他曾经像在森林中迷失了路径的猎人一样绝望挣扎。一次，他听见人们讥讽地议论："这就是那个除了画下流裸体，别的什么也不会画的米勒。"米勒听后如梦初醒，决心摒弃以前的庸俗，走艺术之路，他举家迁居到巴黎郊区，边劳动边作画，对艺术的酷爱与追求，即使异常困苦的生活都不能使他放弃。《播种》《拾穗者》《晚钟》等作品诞生了，成为世界美术花园的朵朵奇葩。假若没有当初面对逆境的不怕不弃、奋勇自新，就不会诞生出一系列的不朽之作。

孟子曰："天将降大任于斯人也，必先苦其心志，劳其筋骨，饿其体肤，空乏其身，行拂乱其所为。所以动心忍性，曾益其所不能。"没有逆境的磨砺怎会成就人生的辉煌？

将逆境踩在脚下，就不会畏惧死亡，因为他相信逆境也是通向真理的必经之路。塞尔维特，因发现肺循环而闻名天下，他阐述了有关肺循环的看法，但在黑暗的中世纪，这些说法无异于异端邪说，在火刑现场，有人对他劝告说："只要承认错误，还为时未晚。"他断然拒绝："我的言行是正确的，我不怕死。你们诽谤我的学说，但是举不出有分量的证据。我将勇敢地为自己的学说、为真理而死去！"最终，面对逆境，他毫不妥协，用自己的生命书写真理的永恒。

拜伦说："逆境是达到真理的一条通路。"列别捷夫形容道："平静的湖面，练不出精悍的水手；安逸的环境，造不出时代的伟人。"

不要惧怕逆境，将逆境踩在脚下，你的人生注定精彩无限。

（飘 飞）

笑对人生笑迎未来

日前，有位朋友来访，谈到人在任何情况下都应情绪乐观，笑对人生，我也甚为赞同。人生如果充满笑意、笑容、笑声，必然心情愉快，精神饱满，斗志旺盛，那肯定是美好的人生、闪光的人生。

笑，并不神秘，词典上的解释是"露出愉快的表情，发出欢喜的声音"，"因感情喜悦而开颜"。中国有一谚语：笑一笑，十年少。法国作家雨果说："笑，就是阳光，它能消除人们脸上的冬色。"德国哲学家叔本华说："笑口常开者幸福如春。"法国作家蒙田说："能让我发笑的不是我们的愚蠢，而是我们的聪慧。"我国现代作家徐懋庸说："凡笑者，就表现着他尚有生活的胆和力。"笑，不是有些人所想象的"嬉皮笑脸""轻松散漫""不严肃""不认真""不正经"，它是一种思想修养，一种精神境界，意味着健康、幸福，表现着胆识、智慧和力量。

"笑对人生不易。人生如钟摆，往返是苦海；人生如梦，万事皆空。怎么能笑得起来呢？"这是一些人的想法。说人生如苦海，人生如梦，这不符合事实；说人生皆乐，其乐无边也有悖真实。客观情况是：人生之河，既有平川也有激流；人生之路，既有坦途也有坎坷。遇到困难、痛苦、失败、挫折没有什么奇怪。问题在于应该直面人生，正视矛盾，以乐观主义的态度品味生活，欣赏生活，以正确的态度认识和解决人生遇到的种种矛盾和难题，把困难、痛苦、失败、挫折当作磨刀石，用以磨砺我们的意志，就能从困难中看到光明，从挫折中英勇奋起，最终转败为胜，苦尽甘来。法国作家大仲马说："人生是用一串无数的小烦恼织成的念珠，乐观的人生是笑着数完这串念珠的。"不管遇到什么苦闷、烦恼，什么伤心事，不如意的事，统统一笑置之，一笑了之，就能拨开迷雾，化忧为喜。罗莎·卢森堡说得好："不管一切如何，你仍然要平静和愉快。生活就是这样，我们也就必须这样对待生活，要勇敢无畏，含着笑容——不管一切如何。"林则徐有诗曰："出门一笑心莫哀，浩荡襟怀到处开。"笑对人生，笑对困难，笑对挫折，笑对不幸，笑对一切，经过拼搏和奋斗，自然能出奇制胜，迎来欢乐的海洋，生命的春天。

笑，是一种素质，一种能力，一种艺术。笑，可以理解为毅力、意志、信心，从一定意义上讲，笑意味着胜利，意味着成功，意味着财富。美国"旅馆大王"希尔顿的资产，自1919年到1976年，从区区5千美元发展到数十亿美元，其产业从一家旅馆扩展到七十家，遍布全球五大洲的各大都市，而且吞并了号称"旅馆之王"的纽约华尔道夫的奥斯托利亚旅馆。他的成功，除了早期生活的磨炼之外，重要的就是他以信心、眼光构筑起微笑这个独特的服务艺术。希尔

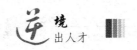

顿要求全体员工，无论多么辛苦也必须对顾客保持微笑。"你今天对顾客微笑了没有？"是他的名言，每天与服务人员接触中问及最多的也是这句话。1930年，美国经济萧条到了最严重的程度，全美国的旅馆倒闭了80%，希尔顿的旅馆也接连亏损，曾一度负债达50万美元。但他并未灰心，召集每个旅馆的员工，特别交待和呼吁："目前正值旅馆亏空靠借债度日时期，我请各位记住，千万不可把愁云摆到脸上！无论旅馆本身遭遇如何，希尔顿旅馆服务员的微笑永远是属于旅馆的阳光。"事实上，那纷纷倒闭后剩下的20%的旅馆中，只有希尔顿旅馆的服务员的微笑美好如初。结果，经济萧条刚过，希尔顿旅馆就率先进入了新的繁荣期，跨入了经营的黄金时代。

笑，不是随随便便，不负责任，更不是得过且过，玩世不恭。笑，是满怀信心，具有高度责任感的体现。笑，并不是不承认人生道路曲折，也不是无视矛盾、困难、痛苦、忧愁，而是不在这些"恶魔"面前低头，是以良好的精神状态，以积极的态度，眼睛向前、努力奋斗，从而解决矛盾，战胜困难，化痛苦为欢乐，变忧愁为喜悦。笑对人生；并不是庸人自慰，孤芳自赏，更不是心不欢而强笑，喉不爽而强歌，情不真而强颜，而是乐观主义精神的自然流露。明代的洪应明在《菜根谭》中说："天地不可一日无和气，人心不可一日无喜神。"人心有了喜神，能不喜形于色，露出笑容、笑声吗？我们所说的笑，同"傻笑""耻笑""狞笑"之类，毫无共同之处，它是信心的喷射，力量的流溢，是热爱生活，顽强拼搏。万事皆乐，无时不笑。让我们以坚韧不拔的意志对待生活的挑战，以奋战不息的精神迎接未来。让笑永远陪伴着我们，我们就能品味到生活的滋味，从而更加热爱生活，就能无往而不胜。

（赵化南）

朝着喜欢的方向努力才会成功

1981年6月9日。她出生于以色列耶路撒冷，3岁后随全家搬到纽约。她有一个幸福的家庭，母亲是艺术家，父亲是名医生。虽然初到美国的他们并不富裕，但父母将全部的心血倾注在她的身上。

4岁开始，她便接受舞蹈训练，并能在舞团里正式参与演出。10岁时，一位露华浓公司经纪人邀清她担任儿童模特，但被她婉拒——因为她要全身心投入舞蹈表演。

13岁时，她在父亲的书房读到了一个剧本，读着读着就被感动得哭了。心里萌生出参演这部电影的想法。但她的父母不同意——认为她年龄尚小，不适合演成人角色。可在女儿的一再坚持下，父母终于同意她去试镜。起初，导演组并不看好她，但她强烈要求回到镜头前再试一次，总导演吕克·贝松被这个小姑娘执着的精神与惊人的悟性打动了。而她也凭借《这个杀手不太冷》中的这一角色崭露头角。这以后，她开始边读书边演戏的生活。

1999年18岁的她收到了哈佛大学心理系的录取通知书。当她来到哈佛后，有同学以为她就是一个"无脑的演员"，向她投来不屑的目光。然而事实很快证明他们错了！并不知道她是明星的艾伦·德肖维兹教授不久就发现了她出众的才华——他最欣赏的是她的一篇关于测谎仪的论文，因此艾伦教授让她做了自己的研究助理，师生俩至今仍保持着友谊。

在大学期间，她先后发表了有关婴儿前额叶发展与视觉记忆的论文，以及以近红外线光谱学成像法研究大脑功能的论文。除了在哈佛主修心理学外，她又研习并很快精通了法语、希伯来语、德语、阿拉伯语和日语五种语言，她又以客座讲师的身份在哥伦比亚大学讲授恐怖主义与反恐怖主义的课程。

经过大学校园文化的洗礼，她的学识与修养更是不可同日而语。

虽然她还年轻得有些害羞，但她的头脑已足以常常让导演和其他的明星表示敬佩；虽然她长得仍有些纤弱，说起话来还充满了青春少女的气息，但她的表达能力却常常让人叹为观止！在日常生活中，她穿着朴素，戴3元钱的耳环，穿普通的运动鞋，她说："我从不抽烟喝酒，更不会去尝试毒品，因为美人鱼和天使都不会那样的。"

2009年，她接拍了电影《黑天鹅》，为了演好这个角色，她坚持了将近一年的魔鬼式训练——每天都要进行5至8个小时的舞蹈和游泳培训。而且还要注重节食——她成功瘦了20多斤。编舞的最后关头，她在一个托举动作中因肋骨错位而受伤，却强忍着疼痛坚持训练。她说："对芭蕾舞者来说，这是家常便饭。"

在2010年上映的电影《社交网络》中有这样一段台词："哈佛出了19个诺贝尔奖得主，15个普利策奖得主，2个奥运明星，还有1个电影明星。"而她就是那个电影明星——娜塔莉·波特曼。

2011年，她凭借《黑天鹅》的出色表演将奥斯卡金像奖、英国影视学术学院奖、美国电影独立精神最佳女主角等一系列桂冠戴到头顶，刚刚而立之年的她，便成为了世人瞩目的电影皇后。

从最初站在镁光灯下到今天的辉煌成就，昔日的小女孩已经长大，即便纯真依旧，却多了份成熟女子的自信与风情。她说："我知道我喜欢什么，想要什么，所以我很努力。我是个很稳重认真的人。"

（雨　田）

人生的弯路没人替你走

　　小学一年级时，因为学校离家比较远，母亲便要求我学骑自行车。10岁的我，个头就比自行车稍稍高一点。加上我的平衡感不太好，学了两三天之后，非但没多少长进，反而摔得鼻青脸肿。看我因为泄气而发脾气，母亲非但不安慰我，反倒丢下一句，学不会以后自己步行上学。小小年纪的我因为她的这句话，凭着身上的倔劲儿，硬是学会了骑自行车。从此，无论寒冬酷暑，我都是骑自行车上下学。

　　上了小学，争强好胜的我一直牢牢占据着班里第一的宝座。老师同学眼里的我乖巧伶俐，成绩好又是班长，老师们宠爱我，同学们佩服我，我集万千宠爱于一身。渐渐的，因为见惯了鲜花与掌声，我变得有些飘飘然。在跟同学们相处时，也开始飞扬跋扈起来。后来因为跟同学们相处得不太融洽，我情绪低落，但并没有认识到这是自己的错误造成的。这时，母亲跟我说，争强好胜没有错，上进优秀也没有错，但仗着自己成绩好便为所欲为就是大错特错了，因为成绩好并不是值得炫耀的事。后来，我渐渐学会走进同学们中间，

不再摆出一副居高临下的样子。终于我在赢得漂亮成绩单的同时，也获得了同学们心服口服的认可。高中时，我喜欢上高我一届的学长。在那个大家都为未来奋笔疾书勤学苦读的年纪，这场突如其来的暗恋耗费了我太多的精力。在高手如云的重点班里，我开始有些力不从心起来。但执迷不悟的我，仍沉浸其中，无法自拔。直到他身边多出来一个温婉漂亮的女朋友时，我的这场暗恋才彻底告终。看到我日益下降的成绩，母亲在弄清楚状况后没有责骂我，也没有过多地安慰我，只是对我说了一句，这个世界上不是你对一个人好，就一定会得到对方同等的回馈；也不是你优秀上进，就必须每个人都得喜欢你爱你。哭过之后，我相信你的眼睛会变得更明亮。

再后来，翻然醒悟的我奋起直追，终于考进了理想的学府。

大二那年，随着刚上大学的新鲜感退去，我渐渐发现对所学的专业不感兴趣。在一眼看不到未来的迷茫与恐惧里，心里生出许多难以平复的失落感。但我终于还是打消了向她诉苦的念头，因为我清楚这是当初自己选择的路，我必须要努力走完。思考再三，在学好专业课的同时，我自学了感兴趣的新闻专业，并准备在大四报考新闻专业的研究生。当我把这些想法告诉她之后，我故作轻松地说了句，反正这么多年，我都习惯了自己作决定。她望向我的眼神瞬间有些复杂，有欣喜也有对我的歉疚，但更多的是对我的笃定。她说，我知道你对我有埋怨，觉得我不够爱你，好像对你的事都漠不关心。其实，妈妈不是不爱你，只是我太清楚你的争强好胜。只有让你学会自己作决定，自己去走一些弯路，挫一挫你的锐气，你才能在今后的人生路上不栽大跟头啊。

是啊，人生的弯路没人能替我们走。这些年，我像一只跃跃欲试的幼虎，看似少了妈妈的庇护，却在一次又一次的摔倒中，不断地顿悟、不断地成长。而且，我在每一次摔倒后，再站起时都变得更加坚强。我想，即便以后我还会摔倒，但我清楚，身后永远有一双眼睛在注视着我，并且在我重新站起来之后，她的嘴角一定会弯出一抹欣慰的微笑。

（陈小艾）

面对逆境

我们都有在生活中面对逆境的经历，区别在于我们做了些什么来战胜它。我们都有两个选择：1. 无所作为，放弃了之。2. 把逆境看成一个机会。这里只讲一个我几乎败给逆境的故事。

我曾有一个玻璃器皿工作室，离家大约50英尺。几年前我经历了一个异常可怕的严冬，到处都是大雪坚冰，冰雪压塌了工作室的屋顶，我赖以生存的工作毁于一旦。倒塌前，我也曾爬上屋顶奋力铲去冰雪，但在结冰已达5英尺、温度已达零下20摄氏度的情况下，很难挽倒塌于未然。我也曾把承包商找来帮助加固屋顶，最终还是无济于事，屋顶最终塌了下来。我们此前已经搬出了一些东西但还是损失了很多：玻璃、烧窑、工作台等等，真是一场毁灭性的劫难。

时值隆冬，工作室塌了，我无法开展工作，只能做两件事中的一件：

1. 简单说我再也无法做玻璃生意，但我可以对你说这个想法只在我的脑海中一闪而过。

2. 或者，我找到并重建工作室继续经营。

　　我选择了第二种，找到一个废弃的库房加以翻新、重新设计工作区，这样就有了比以前那个还好的工作室。如果我面对的逆境没有发生，我现在可能还在那个老旧的工作室里。

　　面对逆境，你可以找借口或采取行动，也可以把它当成屈服放弃的借口；你可以持"我好可怜"的态度，或说坏事没准会变成好事；你可以拥抱它，或把头插进沙子里希望它快快离开。

　　我与你分享这段经历的目的在于：不要害怕逆境，它虽然可能令人沮丧、心灰意冷，但还是要把它当成机会，想出克服它的各种办法。我们如何应对逆境会决定我们生活中的成功和幸福。记住贺拉斯的话，"逆境能够唤醒一帆风顺时休眠不醒的智慧。"

（沈畔阳　译）

困境是理想的温床

　　他是一位成功侨商，又是一位文化传播者；他身高1.63米，却被广大意大利华侨亲切地称为"大哥"。他的名字，叫林朱庆。

　　林朱庆在20世纪80年代到意大利投靠一位表亲，然而他的亲戚却拒不相认，林朱庆只能在米兰市的街头到处漂泊。由于不会讲意大利语，找工作也四处碰壁，身上的钱一天天少去，林朱庆连最便宜的小旅馆也舍不得住，只能找桥洞之类的地方，和一些流浪乞丐待在一起。

　　在冰冷的桥洞里，林朱庆想如果每一片海外土地都飘满中华文化，那该多好哇！他心里暗暗立志，将来一定要好好地宣扬中华文化，让每一个出国的华人都能更好地相互联系和交流，让每一个外国人都了解中华文化！

　　想着想着，林朱庆情不自禁唱起了从小唱到大的民歌："戴起那个竹笠穿花裙哟，采茶的姑娘一群群哟……"他的歌声引来了一位老华侨，那是一家工厂的守门员，他收留了林朱庆，并腾出厂区外一个潮湿的地下室给林朱庆暂避风雨。

春节后，林朱庆终于在一家服装厂找到了一份只提供吃住的工作，但这已经让他非常开心了。他一边辛勤自学意大利语，一边熟悉摸索创业途径。时间一天天过去，他发现意大利的服装厂有一个普遍的管理缺陷，就是无论淡季还是旺季，无论工作量是大是小，每月给工人的工资都是一样的，因此工人们的劳动积极性很一般，工厂的效益也就可想而知了。

林朱庆想，如果在意大利开办一家服装厂，采用计件工资、按劳取酬的制度会怎么样呢？林朱庆产生了办服装厂的念头，为了尽快存够钱，他来到威尼斯的一家餐厅里洗碗，用了一年时间，省吃俭用存起了5000美元。

第二年，林朱庆购买了四台缝纫机，雇了四个工人，小打小闹地办起了服装加工厂。他采用计件工资、按劳取酬，调动了工人的积极性，使服装厂的生意应接不暇，一年获利八十多万元。林朱庆"乘胜追击"，扩大生产规模，工厂发展到六十多人，效益节节攀高。一套先进科学的管理技术，让他在之后的短短两年时间里，成了一位成功的华侨企业家。1989年，林朱庆的辉翔贸易集团公司宣布成立。

企业越做越大，林朱庆为侨胞们服务的热情也越来越高涨。他先后创办了福建华人华侨中西部联谊会、福建海外华人华侨工商总会及福建华人华侨和平统一促进会，并亲任会长。

名与利的双丰收并没有使林朱庆淡忘当初在最低谷时产生的想

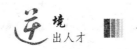

法，1994年3月，他创办了意大利第一家华文报纸《新华时报》，之后又先后创办了《欧华时报》《欧洲侨报》《欧洲华人报》和《欧洲华人》月刊，为欧洲华人的文化沙漠开辟出了一片片绿洲，成为国人了解旅欧华人现状的一扇重要窗口，就连香港凤凰卫视也把意大利记者站设在《欧洲华人报》报社。

2010年，尚不到退休年龄的林朱庆却宣布辞去企业的所有职务，东奔西走组建了意大利欧洲华文电视台，并亲自出任台长，誓为推广中华美德、推动海外华人社会和谐发展做出更大的贡献，为宣传祖国多做一些实实在在的工作。

在欧洲华文电视台的开播仪式上，回想起当初，林朱庆感慨地说："困境是一张哺育和滋养理想的温床，在困境中培育出来的理想是有骨骼的、坚韧的。赚钱再多总是有限，只有弘扬中国文化才有无限的价值，才是一种真正有意义的成功人生！"

把困境当成一张培育理想的温床，不断因之付出努力。林朱庆的人生观和价值观，值得每个人思考和借鉴。

（陈亦权）

你也可以写就成功的剧本

橄榄球球员是我的职业。我是一个橄榄球明星，这是人们给我下的定义。但我也是一个丈夫和一个父亲，一个有信念的人。自读大学开始，我就给那些来自破裂家庭的孩子做心理辅导，这些孩子，将来只要给他们机会，就可以发挥他们的潜能——科学、教育、商业，一切他们的天赋所通向的领域。为什么是来自破裂家庭的孩子？因为我知道他们充满了叛逆。我也曾是他们中的一员。值得庆幸的是，我有一个坚强的、睿智的母亲，她一直给予我爱，激励我，给予我忠告，引导我走上正确的道路。在我读阿拉巴马大学高年级期间，我决定为有需要的孩子创建一个奖学基金。我想为他们做与妈妈为我做的一样的事情。以下三个方面是我经常跟那些来自破裂家庭的年轻人聊起的事情，是我给他们的指导，也是我走向成功的剧本。

做你自己

沃尔顿夫人是我读六年级时的科学课老师，她也曾教过我的哥

哥杜兰。杜兰非常聪明，是每一个老师都喜欢的那种类型的学生。我非常崇拜他。一天，沃尔顿夫人对我们进行了一次考试。我尽我所能去答题，但我最终还是只得了一个中等的分数，而杜兰永远都不会考得这么差。看到分数的一刹那，我的泪水"刷"地就下来了。沃尔顿夫人走到我身边。"你下次会考得更好的。"她说。

我摇摇头："我永远都不可能像杜兰一样。"

她摇摇头，然后轻轻地说："不，你不必像杜兰。你只需成为这个世界上独一无二的最棒的肖恩。"这句话字字敲在我的心上。从此，它成了我一直追求的目标。

选择良好的榜样

阿拉巴马人深爱橄榄球。自打我参加第一场比赛后，人们在路上看到我，就会拦住我，叫我给他们签名。被关注是一件好事，但我知道他们关注作为运动员的肖恩要比作为普通人的肖恩多得多。即使在教堂里也是一样。在进行礼拜的时候，一个孩子跑到我身边，向我索取签名，这是不正常的。那种感觉并不是很享受。

一个星期六，我看见一个大约9岁的男孩坐在教堂的长椅上。我在他身边坐下。他没有跟我说一句话。我感激他。因为我想专心于牧师的讲道。

后来的一个月的每个星期天我都坐在他身边。终于，我问了他的名字。"我叫凯尔。"他说。

"我叫肖恩。"

"我知道。"他说。我原以为他会向我要签名。但他没有,而是说:"我妈妈和爸爸打算在礼拜天带孤儿院的孩子出去吃午饭。你愿意加入我们吗?"

他说得如此大方,并且充满了温暖,我没有理由说"不"。从此,我几乎每个星期天都去他们家做客。来自一个破裂家庭的我,从来没有看见过一个美好的婚姻生活是如何维持的。有时候,我只是默默地坐着看他们是如何对待对方的。他们也曾争论。这是我的父母的家常饭。我想,争吵是导致他们离婚的罪魁祸首。但是凯尔的父母只是静静地讨论,并且最终找到解决问题的办法。凯尔的家人给了我一个启示。在我的心里,我已经把凯尔的父母当做我的第二父母。

在他们家,凯尔的父亲是一个严格的人。那时我已经18岁,从来不懂得在家里父亲是权威的象征。凯尔的父亲严厉但通情达理,并且充满爱。我默默发誓,等我成家以后,我一定要让我的家庭跟凯尔的家庭一样,我一定要做凯尔的父亲那样的父亲。在不知不觉中,凯尔的父母对我产生了很大的影响。今天,我已经建立了自己的家庭,已经有了自己的孩子,我努力像凯尔的父亲一样经营着我的家庭。看到妻儿的脸上经常挂着笑容,我知道自己选择了一个好榜样。

珍惜亲情

每次我在赛场有出色表现的时候，我的同父异母的兄弟托尼就会说："爸爸为你感到非常骄傲。"我不喜欢听到这个。我的爸爸和妈妈在我小时候就已经离婚，他很少跟我在一起。似乎唯一一次，他来看我，是在高中时来看我踢球。那就是我对他的所有的记忆。所以，我很反感这个男人。

但是我无法让他在我的脑海中消失，无法剪断我们的虽已受伤但仍然紧密相连的关系。很长一段时间，我没有见过也没有听说过爸爸。终于在我的首次公开赛季期间的一天，我鼓起勇气，打电话给他。

"是你吗，肖恩?"他问。我很惊讶，因为这么多年没联系，他居然还能听出我的声音。但我没细想这个，而是在他还没来得及说其他话之前，把我心里的话语一股脑儿倒了出来。我告诉他，他对我的伤害有多深。

我的话使他感到震惊："我一直以为你是唯一不怪我跟你妈妈离婚的人，我一直以为你理解我。"

轮到我震惊了："你说什么?"

沉默了一会儿，爸爸向我说起了奶奶的死。由于众多原因，我是他的五个孩子中的唯一陪伴他出席葬礼的人。在葬礼仪式上，爸爸哭了很久。当时我还很小，不知道他想什么，只知道他在某种程度上需要我，所以我一直陪伴在他身边。

现在，当我们在电话里谈论起这件事的时候，爸爸告诉我，那个葬礼让他更加深刻认识到亲情在一个人心中的位置有多重要。

"我与你的兄弟们的关系很紧张，"他说，"我发誓，我不会让这种情况发生在你跟我身上。那就是我为什么会莫名其妙地去观看你的比赛的原因。"

（庞启帆　编译）

请别叫我美少女

漫画家夏达一直强烈抗拒"美少女"的称谓，甚至将其看成一种耻辱。

其实夏达一点也无愧于"美少女"的名号。她双眸清澈，肌肤胜雪，长发飘飘，任谁看了都会眼前一亮。可是她的成名，却从未和美貌发生过一点儿关系。

这个心思灵巧的女孩，自小就对绘画有着不同寻常的热爱。在别的孩子疯玩疯闹的时候，她总是静悄悄地躲在房间里作画，一画一整天。她越来越觉得用粗细各异的线条与缤纷的色彩描绘心事起伏是这样美好的一件事。

14岁时，夏达加入漫画社，很快迷上了漫画。她不厌其烦地作画，并开始尝试投稿，很快就有作品见诸报刊。这让她备受鼓舞。慢慢地，画漫画对夏达来说已经由兴趣转变为习惯，变得像吃饭睡觉一样必要。

在中国，画漫画并不是一份有前程的工作。所以22岁那年，大学毕业的夏达马上陷入了找不到工作的窘境。揣着自己的理想，她毅然来到了北京，在一间不足10平方米的潮湿的地下室里开始了自己的寻梦之旅。

那段日子异常艰难。这个柔弱的女孩时常忍受着疾病和饥饿的煎熬，却始终紧握画笔。正如她后来说的："七年，挨过饿、吃过苦，生病靠死扛，不出门是因为躺着抗饿，瘦是因为消化系统彻底紊乱，头发长是因为没钱理发。每天拷打着自己的精神和体魄，作画、作画……"那段漫长而卑微的日子里，生活对夏达展露出最狰狞的一面，可她却始终没有想过放弃。

就这样，夏达默默无闻地画了七年。在这七年里，夏达无数次透支自己。在漫画业最萧条的时候，微薄的稿酬甚至不能为她换来最基本的温饱，可是她执意不肯转行。因为她相信，只要全力以赴奔赴梦想，上帝就会对自己露出微笑。

在一连串的优秀作品相继面世之后，命运终于对夏达露出微笑。杭州一家知名漫画工作室向她抛出了橄榄枝。接着，她的几部作品相继获奖，换来了读者们如潮的好评。不久后，夏达的画在国际上获奖，她也在老牌漫画家长茂木行雄和松井荣元的推荐下闯入日本漫画界。紧接着，日本顶级漫画杂志转载了夏达的作品《子不语》，引起了巨大的轰动。

此时的夏达，终于可以不再担心生计而安心作画了。可夏达并未因环境的改变就放纵自己、享受生活。她依旧保持着每天工作十小时的习惯，经常为了工作一周不换衣，五天不洗头，常带着高烧

作画，熬得双眼通红。

与此同时，出版社为了宣传作品，将夏达的一组照片放在了网上。夏达清丽可人的形象立即俘获了无数人的心，她很快红遍全国。粉丝们亲切地称之为"美少女画家"，狂热地传播着夏达的照片和作品。此时的夏达，俨然成了一颗闪亮的明星。

若是别人，大约会借此机会炒作一下自己。而夏达却不肯靠着"美少女"的名号推销作品。她说，我只是想画漫画而已，我的未来计划也只有创作。她请大家别再传播她的照片，转发关于她的新闻，还要求人们不要在自己名字或职业前加上"美少女"等字眼，因为这让她倍感耻辱。

夏达知道，自己的成就和美貌无关，将来的成就也不会和美貌有关系。

（沈青黎）

让创意创造美好生活

　　大学毕业生孙喜霞在广东一家旅游公司当售票员，但她并不满足这份工作，总想有所发展和改变。有一次，她与一位同事到一家婚纱影楼拍摄艺术照。在挑选艺术照片的装饰相框时，她发现影楼里的相框不仅式样比较土，而且价格特别高。于是，一个创意突然出现在她的心头：影楼把注意力主要放在摄影的竞争上，忽视了这个小小的环节，我们何不在这个领域做些文章？如果在相框的款式设计上能新颖和潮流一些，就能夺过起码三分之一的市场份额，那可是一个很可观的数字！她为自己发现了一个商机而兴奋不已。

　　孙喜霞进行了一番市场调查后，正式向领导提出自己的想法，得到了旅行社领导的支持。于是，由她挑头的一家专营艺术相框的"旅情画廊"开业了。画廊一开业，生意就十分火暴。后来，她承包了这家画廊，不断发展自己的创意，进而向书画市场发展，把她的画廊改名为"博艺斋"，事业越做越大，她成了广州有名的书画艺术经纪商。

　　从一个售票员变成一位颇具实力的经纪商，她用了五年多的时间。孙喜霞在事业上的蓬勃发展，得益于当初的创意。是那个小小的创意把她引领到一片未开垦的处女地，带到一个施展才华的人生大舞台。

余乐平是某大学中文系毕业生，当过业务员，当过经理，后因经营失误而陷入困境。在他流落到大连时，身上只剩下20元钱，他甚至想到了跳海。就在走投无路之时，他用自己的名字打头写了一首诗作纪念："余陷困境铁骨铮，乐在天涯试笔锋。平地崛起苦寒日，明珠破土灿烂成。"写完这首诗后，他心头突然涌出灵感，生出一个创意：上街卖诗去！于是，他拿硬纸片写了"用姓名作诗"的招牌，开始了卖诗生意，很快吸引了很多人围观。

第一天，余乐平卖了三首诗。有人说："你靠知识和智慧挣钱，我佩服你。"他受到了很大鼓舞，打出了"中国卖诗第一人"的旗号。找他作诗的人络绎不绝，有时还排起长队，成了大连风景区一大景观。后来他不再摆地摊，创办起一家文化公司，事业越做越大。

偶尔涌向头脑的一个灵感创意，不但让余乐平摆脱困境，而且发展成一番事业。

创意说到底，是解决现实问题的一个好想法、新点子。其实，创意人人都有，并不神秘。不过，对于创意的态度却是因人而异的。成功者十分看重灵感创意，并能从中发现商机；而一般人却不敏感，即使有创意灵感冒出来，一闪就过去了，并不当一回事。

新鲜创意的出现离不开人们头脑的想象和联想。对于任何来自现实生活的刺激，我们要多几分敏感，随时展开想象的翅膀，把看上去互不联系的事物联系起来思考，找到主观与客观的契合点，说不定在哪一个接合部上就会衍生出新的点子、新的火花、新的灵感，产生出新颖而有价值的创意。

创意的灵感具有偶然性，而且稍纵即逝，我们必须随时发现它，抓住它，并以此为线索深入思考下去，分析其可行性，把握其价值，形成理性认识。有时，灵感的小念头乍看起来并不太合常理，不被人理解，我们必须坚信它的价值，切不可轻易否定它。有些创意也许并不宏伟，但只要它们能给人们带来益处，能满足某一方面需求，就可能成为突破口，由此发展下去，很可能开辟出一个别人尚未涉足的领域。

（高永华）

一根手指写人生

　　命运似乎对"80后"的高淳很残酷。他在北京军区总医院降生后，起初一切正常，当时父亲抱着白白胖胖的儿子，乐得合不拢嘴。然而，10个月时，父母发现，儿子只会后退不会向前爬，十根手指也只有右手食指可以微动，浑身肌肉则软弱无力，根本站不起来。父母赶紧带儿子去医院就诊，被确诊为"先天性肌弛缓症"，这种病目前无法医治，只能通过锻炼来减轻症状。这一结果犹如晴天霹雳。

　　高淳7岁时，父母把他送进常熟报本中心小学读书。为照顾儿子，母亲36岁就提前从国棉厂退休。这一切，懂事的高淳都记在心里，他唯一能做的，就是拼命地用功，连课余时间也在教室学习，成绩一直名列前茅。上初中后，成绩依然在全年级数一数二。学习之余，他经常拖着残身帮助学习差的同学补课，做了数不清的好事，受到老师和同学们的一致好评。初中三年，他先后获得"常熟市十佳好少年""常熟市精神文明建设十佳标兵"等称号。中考时，虽然他考出了621分，却因身体原因，最终未能进入高中继续学习。

　　这对高淳来说无疑是沉重的打击，那段时间，他感觉人生失去了希望，整天把自己关在房里不愿见人。几番煎熬后，他觉得不能就这样活一辈子，他决定，用写作表达自己对人生的感悟。买了电脑，但他的右手食指勉强能微动，每次用鼠标点击一个字，起码要四五次才能成功，有时甚至七八次，他硬是咬牙坚持下来，打字速度也逐渐加快。1996年，他的处女诗作《黄河魂》发表，他让父亲拿着5元钱稿费买了两包花生米，全家人共享了这份幸福。

此后他的创作欲望空前高涨。2002年，他报名参加了北京鲁迅文学院培训中心的函授学习，创作技巧有了质的飞跃，高淳决定向长篇小说发起冲锋。从2003年起，他开始长篇小说《风逝》的构思，并于2004年动笔。为让他顺利写作，母亲每天4点半就起床为他做好早饭，然后在7点钟帮他起床，为他洗漱。由于他面部肌肉松弛，咀嚼饭菜很困难，母亲就一口口喂他吃……做完这些后，高淳躺在特制的床上，开始了在电脑上的写作。每天都写到晚上9点，4年间从未中断过一天。他心里只有一个信念：做一个自食其力的人，用自己的能力创造价值。

经过常人难以想象的付出，高淳凭着顽强的毅力，用一根手指敲出了150万字的长篇小说《风逝》。当初稿寄到出版社后，责任编辑用8个字给予了评价：写作严谨，语言优美。文学评论家朱辉军得知作者是用一根手指在病榻上敲了4年时间才完成作品后，敬意油然而生，特地为《风逝》作序。他在序中说："作者虽然只有25岁，却以深沉的笔调，写出了都市男女之间的复杂心态，有爱情的甜

蜜、契合、融洽，也有隔阂、冷漠和背叛。娓娓讲述了人生的哲理和精神，展开了当代社会的生活长卷，宛如新时代的一幅《清明上河图》……"

中国文联出版社出版发行了《风逝》，当高淳看到作品变成铅字后喜极而泣，深情地对父母说："没有你们对我无微不至的照顾，别说我用一根手指能完成150万字，就连最起码的一日三餐也难以料理，这辈子我最感激的人就是你们。"父母也饱含热泪对儿子说："虽然你只有一根手指能打字，却书写了自己的绚烂人生，你是我们的好儿子，是我们永远的骄傲！"

（张达明）

73个字赢得一辆小汽车

　　他出生在湖南益阳，十岁左右的时候，父亲收藏的《四大名著》成了他最好的读物。对这几本书他可谓是爱不释手，时常借着做晚饭炉灶里的火光阅读，不认识的字就直接跳过去。

　　上初中后，每逢周末必定早睡早起，步行三十多里地到镇上的图书室看书，看完后扭头往家跑，一跑就是两个小时。也就是在这个时候，他的偏科情况逐渐严重起来，他喜欢语文、历史、地理，害怕数理化。他说："每次上数理化，我就发呆，怕得要死，担心老师点我回答问题，我不会答呀！"

　　读高中时，他的阅读面更加开阔，学校旁边有租书店，他省吃俭用，攒够钱就租书。高一下学期，学校有爱好文学的同学组织出版一本刻蜡纸的油印诗歌刊物《极光》，刊物主编却是位喜欢诗歌的物理老师。他的写作生涯便以这份简单的油印刊物起步了，但很快他便成为这本刊物的知名作者，他这样写雨："闪电怀孕了／生下一场雨／她的孩子顶天立地"；他这样写甘蔗的甜："水在甘蔗那里／过上了甜蜜的日子"；他这样写飘零的落叶："树叶从树枝上跳下／

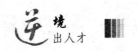

边跳边说／我下来啦"；他说"旋涡是水的戒指"；他说"把饭碗翻过来／就成了一座坟"……

由于高考并不理想，他读了湖南师大中文系的自费生，而自费与统招生待遇有明显差别。在大三那年，他以第一人称的视角，写了三个自费中文系学生自卑、奋斗、写作的中篇小说，题为《中文系》，投给了湖南知名度最高的文学刊物《芙蓉》。

小说一经投稿就发表了，得了三四百的稿费。拿到这笔稿费后，他全家非常欣喜，马上拿去买了自家田地需要的化肥农药。他父亲写得一手好字，这之后老人家常常誊写稿件，誊写好再去投。

《中文系》的顺利发表给他以巨大鼓舞，他开始搜罗身边的期刊杂志，《今古传奇》《中华传奇》《中国服饰文化》《女友》等等，然后根据这些刊物的特点，写不同的题材，有的放矢地投稿，而他的作品在大江南北逐渐地开了花，但仍然是小打小闹。

大学毕业后，他在湖南一家电视台干了近一年，每天做的事情就是写稿、洗车、搞卫生、端茶送水，发觉前途无望，转正无期，单纯靠写稿又养不起自己，于是他在1997年春节去了深圳，在一家企业谋生："月薪1200元，自己留200元，其余都寄回老家，支持家里盖新房。"

1997年寒冬，他应邀去北京参加青春诗会，他脱口而出："闪电不能修改""泥土与水已经很旧了""水吃到寒冷才会露出骨头"等等，这些即兴佳句让许多成名已久的诗人惊诧不已。

诗会结束后，他在北京转了转，这里浓郁的文艺气氛、深厚的文化底蕴让他已有些沉寂的文艺梦想被再次激活。他当即决定留下发展，先是在出版社做编辑，学习出版知识，后来自己离职单干，尝试着编辑策划一些书。

2005年，全国精短文学大赛拉开帷幕，他获悉后，花了十分钟，创作一首73个字的诗《从前的灯光》投了过去："吹灭灯／黑暗就回了家／许多夜里／我们灭灯聊天／节约煤油／话语明亮／那天来客／深冬的黑夜／娘点亮两盏煤油灯／灯光亮出了白天／屋里堆满了光的积雪／没有好吃的／娘用灯光／招待客人。"

这首短诗最终获得了特等奖"金拇指奖"——奖品是一辆小汽车，而评委是他听说过而没见过的一些人——方方、李锐、迟子建、陈村、周国平、韩少功、蒋子丹。

在沉积了相当长一段时间后，他推出了自己的力作——长篇小说《村庄疾病史》，而这部作品得到了名家贾平凹、邹静之、麦家的鼎力推荐。

从一个借着火光读书的小男孩，到推出数十万言大作并得到名家肯定，一路风光，一路坎坷。他，就是张绍民。

（阿　文）

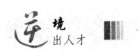
满径花香

那天心情格外惆怅，给一个常来往的姐姐打电话，她说，走，带你看花去。

心如乱草，哪里还能闻到花香？她指着一朵小花说：你看，这朵花是为你开的呀。那是一朵小小的花，不好看。她说，每朵小花都想努力地绽放，如果你细看，在任何时候，都可以闻到满径花香。

说这话的时候，她开着她的奔驰车，穿着华服去北京看歌剧。我侧脸看着她，只觉得这是有钱人在卖弄她的小资情调。

她给我讲她的故事。

20岁那年，她高考落榜，怀揣着几十块钱出来打工，住在北京的地下室，什么零工都做过，甚至送过煤气，骑着一辆自行车满北京乱跑，那辆自行车破得不能再破，陪着她度过在北京的五年。

我们到了北京，她执意要把车停在北京饭店门口，回头对我一笑：我对北京饭店门口有一种情结，很多年前，我天天把车停在北京饭店门口，那时我骑的是自行车，是北京饭店门口唯一的自行车。

我惊讶。

她回头一笑：那时我想拿到北京饭店的一个项目，于是天天来磨他们，又没钱打车，只能骑自行车来。我在北京饭店门口停自行车的时候，门卫总是说，一边去一边去，这不让停自行车。我就想，有一天我会把我最好的汽车停在北京饭店门口。你看，我做到了。

后来呢？

"后来我停了一个月，拿到了今生第一笔订单。我的公司给了我三万块钱，我用它买了一辆二手车开，结果车撞了，腿还折了。我那时已身无分文，想打退堂鼓，我向老乡借了钱买了车票，在去火车站的路上，我看到一个没有腿的人，他说了一句话：姑娘，你有腿多好哇，我看你走路真漂亮。当时我就傻了，我都这样了还有人羡慕我！与他比较，我多幸运，至少，我是一个身体健康的人哪！在走出火车站的刹那，我看到春天里的第一朵花在努力地绽放，我看到路边的小草发出新芽……知道我当时的感觉吗？我闻到了此生最美的花香，我想，我一定要留下来，这里一定有一朵花是为我绽放的！"

我看着她，这个四十多岁的成功女子，一直淡定地微笑着。几年前，她的事业再受重创，又从零开始，但这一次，她告诉自己公司的人，如果你相信我，就留下来和我在一起，我们一定可以找得到溢满花香的小径……

她公司的人，一个也没走。

现在，她的公司在全省都有名，她手下员工都说她每天都是笑

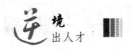
的，脸像朵花似的。她说，做个喜悦的人，把喜悦传播给每个人，把心里的花香散发出来，谁都可以闻得到。

我扭脸看她，她脸上有一种圣洁的光芒。

我问她成功的秘诀，她说："哪有什么秘诀，如果有，就是不要总抱怨命运为难你，先从自身查找原因，花香满径哪里都可以找到，哪怕在最平凡的日子里。"

那天晚上我和她看了一出歌剧，歌剧非常精彩，但我知道，她给我演了更好的一出歌剧，这出歌剧的名字叫——花香满径。

（雪小禅）

背着妈妈求学，好男儿再铸"孝经"

17岁的少年申庆伟背着瘫痪的亲娘进入滑县师范那一刻，就注定他用孝心铺就的求学路，是一段延伸在众人关注之中的人生苦旅。

但申庆伟义无反顾。病娘也是娘，有娘相伴的师范生涯中，他的每一天都走得踏踏实实。如今两年半过去了，这颗在凄风苦雨中雕琢出来的"孝星"，已走过沼泽和泥泞，并渐渐成熟起来，头上闪耀了"十佳青年""全国优秀三好学生标兵"的光环。他给娘营造的小巢也充满了融融春意。

当年5月，从北京载誉归来的申庆伟再施义举，将从别人给他的捐款中拿出1万元，设立"优秀贫困生奖励基金"。

采访申庆伟，犹如解读一本当代"孝经"。

申庆伟祖籍河南省内黄县豆公乡东街村，几十年前，他的父亲逃荒到山西省灵石县，解放后，在党和政府的关怀下，被安排在县城砖瓦厂当工人。娘是家庭妇女，身体一直不好。姐姐患有精神病，又傻又呆。这个漂泊不定的家庭在异乡生活得艰难而酸涩。

1987年，申庆伟的父亲携带一家老小回到了阔别多年的家乡。

不幸的是，第二年冬天，父亲因患脑血栓落下了偏瘫的后遗症。仅仅几个月光景，娘也积劳成疾，突然倒下，经诊断，患的也是脑血栓。刚上小学三年级的申庆伟面对瘫痪的双亲和疯傻的姐姐，他一下子懵了。

父亲把年仅10岁的庆伟叫到床前说："孩子，全家就你一人没病没灾，以后比头发还稠的日子可就难为你了……"

"爹，俺懂。"庆伟紧紧拉着父亲的手，眼泪"叭嗒叭嗒"地滴落了下来。

庆伟仿佛一夜成人。擦干眼泪后，用他稚嫩的肩膀挑起了照顾双亲、监护姐姐的重担。看医生、买药、煎药、买米、买菜，干不了的想法干；擦屎倒尿，洗衣做饭，不会干的学着干。由于做不出花样儿，常常是馒头、稀饭和白水煮面条。在贫苦的生活与痛苦的煎熬中，庆伟奋力泅渡着。

1992年正月十五，父亲在病床上熬过4个难熬的年头后，溘然长逝，刚能下床干些杂活的娘面对这天塌地陷般的灾难，哭得死去活来。

庆伟像一头受伤的羔羊，扑到娘的怀里不住地抽搐。女人的眼泪是痛苦的信使，也是软弱的告白，最不该流在孩子的面前，把痛苦传染给他。因为，在孩子眼里，娘便是整个世界，是天、是地，是一堵遮风挡雨的墙，如果娘哭了，世界末日就来临了。

她背过脸去，拭了一把泉涌般的眼泪，紧紧搂着庆伟："娃儿，别怕，有娘呢！"

"娘，俺知道您身体不好，爹这一去，您更应该爱惜自己，这个家就交给俺吧！"庆伟明显感到娘的胸膛愈来愈单薄，但他必须尽快摆脱失去父亲的悲哀，搀扶娘迎接可能到来的人生风雨。

每天，他早早地起床、提水、做饭，安顿好娘，然后跑步到学校；放学后，他不敢跟同学们玩耍，急匆匆赶回家门扶娘大小便，操持家务。尽管如此，还是把庆伟忙得喘不过气来，不得不把家中仅有的两亩责任田让给叔叔耕种，一家人仅靠父亲多年省吃俭用的积蓄维持着最基本的生活。

1994年的冬季寒冷异常。一天，庆伟放学后回到家门高兴地呼唤着娘，但就是听不到娘的答应声。他心里一沉，疯一般朝娘的病榻扑去。娘正在床上呻吟，脑血栓病又复发了。庆伟忙到邻居家借来一辆架子车将娘送到了医院。娘脱险了，但也失去了一切生活能力，需要人不停地陪护。庆伟有点作难，难为得只想哭。因为当时正逢学校期终考试，参加考试吧，没人管娘，如果在家围着娘转，就意味着放弃，放弃对自己的检验，放弃上进。那样会更对不起娘。庆伟把娘送到了姐夫家，一下考场，他就心急火燎地去看娘。

庆伟在厄运中喘息着。但新一轮的磨难又爆发了。1995年8月，娘第三次瘫痪。这一次，庆伟的精神快要崩溃了，眼前一片黑暗。好在，父亲尚有一点积蓄没有动过，他一路流泪，只身一人把娘拉到一个亲戚的诊所。亲戚简单地诊断后，摇了摇头说："不要再往这

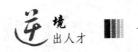

里拉了。"

申庆伟第一次感到世态炎凉。生活太深奥，太复杂了，有那么多事情让你无法知道，无法回答。怕自己付不起费？怕沾上晦气？他不明白，只有伤心流泪，只有无法诉说。

重叠交错的车辙将乡村土路切割得凸凹不平。野风骤起，尘土扬起漫天迷雾。架子车的纤绳深深地勒人了庆伟的肩膀，拉着娘吃力地爬行。

第二天，在好心人的指点下，身单力薄的申庆伟把娘拉到了离家8里地的大晃村诊所。

李医生听完庆伟的哭诉，含泪对庆伟说："小伙子，不要难过，老太太的病我会尽力治的。"由于这里不具备住院条件，庆伟只好在8里地的乡间土路上，汗水和着泪水，只身拉着娘，连续奔波了30天。娘的病情稳定了，但不会说话，神志不清，还落下偏瘫后遗症。

当苦难排山倒海般向申庆伟压来时，他反而冷静了，世态炎凉中，他愈加体味到亲情的弥足珍贵，父亲撒手人间这几年，姐姐已经傻得不成样子，他只有在与病母的相依相偎中，感受到一点少得稀罕的亲情。因此，他每时每刻都在希望奇迹出现，盼望枯木逢春，只有这样，自己才可能是个永远有娘的孩子。

因为，只有娘在，生活才有盼头，自己才能真正活得像个儿子。

夜深沉，昏黄的灯光吃力地穿破锈满青苔的残瓦缝隙，在深沉的夜空中刻下了几道光亮的射线。屋内，申庆伟趴在娘的病榻上打起呼噜。

"啊、喁——哇——"娘含糊不清地向儿子发出了苍老而悲凉的求助信号。

庆伟揉揉惺忪的睡眼，换上干净的褥子。他每日每夜都是这样，他已经习惯了。

天已蒙蒙亮，床头的灯所照射的范围逐渐缩小，一声鸟啼之后，群鸟"唧唧啾啾"的声音很快连成一片。庆伟不是鸟，他高兴不起来，新的一天，他只有照顾老娘，只有啃书本。

坐在教室里，庆伟的大脑晕晕乎乎，神不守舍，他过度疲劳，躺在床上的娘也时刻让他牵肠挂肚：娘又饿了吧，凉着没有？

庆伟的精力集中不起来。他无法集中，无法集中就无法学习，他如乘上了顶风船，成绩在不断倒退，倒退。

上初中二年级时，他的班主任黄同军老师发现了"破绽"，在生活与理想的探讨中，他第一次向黄老师说出了家中的秘密，黄老师红着眼圈说："你是孝子，想让娘生活得更好。但只停留在擦尿刮屎上算是尽孝吗？振作起来吧，只有学有所成，才能让娘生活得更好啊！"

黄老师想尽办法给庆伟安排时间照顾娘，还动员其他科任老师给庆伟补课。庆伟振作了，很快补上了落下的英语和数学，但由于庆伟的精力难免常在娘身上打转儿，中考时还是名落孙山。

落榜，使申庆伟有一种释然的感觉，这样会有更充裕的时间和

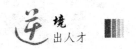

精力去张扬病母的生命之帆。

庆伟轻轻地扶起娘，从褥子下面拿出父亲去世时留下的为数不多的积蓄。那是父亲生前远在异乡勤扒苦做的血汗钱呀，他要用这笔钱给历经灾难洗劫的家庭重植一片聊以遮挡风雨的绿荫。

申庆伟的想法很幼稚，幼稚得仅存"孝道"。带着这笔钱，他四处打听，打算买一辆二手机动三轮车，然后搭上篷布，在车厢里装上座位和简易卧铺，拉着娘跑客运、干农活。

"不行，这样做虽然可以与你娘形影不离，但她经得了颠簸吗？你才十几岁，难道挣个活命就甘心？"同学康瑞海一个劲儿地阻止申庆伟。

"俺该咋办，俺离不开娘。"

"继续上学。只有上学才能改变现状。"康瑞海将身上仅有的20元钱塞给庆伟说："这点钱你先收下，买几本复习用书。"

庆伟放弃了"以车为家"的想法，在家里开始了复习。

1996年中考的日子一天天临近，将近一年没进过校门的庆伟接到学校让他参加学校模拟考试的通知。

娘用她无力的手拉着庆伟不放。庆伟说："娘，俺只有考上学才能更好地孝敬您啊！我有出息了，娘就享福了，让我去吧！"

娘似乎听懂了庆伟的话，缓缓松开了她那双并不听她使唤的双手。

庆伟走进了考场，但他的心情总是平静不下来，娘的影子老在他眼前晃动。他再也坐不住了，开始胡思乱想。此时，娘也许在哭，也许饿了，也许……他这么想着，泪水朦胧了双眼，试卷一片模糊。试题没做完，就匆匆交给老师。这一次，他的名次只排到全校第50名。

此时，离中考考试只剩下一个多月的时间了，校长了解情况后，劝庆伟到学校学习，并免收学费和资料费。而他每天上午只能上两节课，第一节和最后一节只能呆在家里，他放心不下瘫痪的老娘啊！为了争夺每分每秒的学习时间，他把书桌支到了娘的病榻前。时值酷暑，闷热难耐，仅一个月时间，庆伟就熬黑了眼圈儿，人也瘦得皮包骨头。他常常在极度困倦时，用牙咬手指坚持学习。预选考试成绩出来了，庆伟名列前茅。

中考考试的时间一天天临近，庆伟的愁绪也愈来愈重。自己要到内黄县城参加3天的考试啊！3天，谁来照顾娘呢？况且，端屎端尿的活让谁干？生来不爱麻烦任何人的庆伟决定带着娘去考试。他提前来到县城，跑了几家旅店，一说明情况，都被人家拒绝了。老师知道庆伟的难处，特许他每天晚上回一趟家。庆伟理解老师的良苦用心，没再执拗。他每天一大早起来给娘备足一天的吃用，匆匆上路，晚上再挤公共汽车回到离城15公里的家，然后复习第二天要考的内容。

庆伟跃过龙门，考上了滑县师范学校。考上学是高兴事，该笑、该唱、该庆贺一番。他没有，只发了一声与他年龄极不协调的长叹。

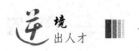

随即，录取通知书便从他手中滑落了。

庆伟吃不下饭，一口也吃不下。长这么大，他与娘一直形影不离，相依为命，他怎忍心为了"功名"抛下老母呢？他当初答应娘，考学就是让娘享福，过好日子，如果放弃这次机会，娘会伤心死的。申庆伟遇到了一个大难题，一个在"忠""孝"之间必须作出抉择的人生命题，而他自己又必须是唯一的解题人。

申庆伟想得头痛。姐姐又疯又傻，会照顾娘吗？雇人吧，拿不出钱，况且，擦屎倒尿，端吃端喝的活儿谁愿干？把娘送到敬老院吧，可娘又是有儿有女的人啊，那样别人不戳我脊梁骨也会骂我不孝。

申庆伟想不出办法。想不出办法就带上娘，带娘到滑县求学。带娘上学的念头一经在脑际形成，庆伟便开始了前期准备。

1996年9月1日，离滑县师范学校96级新生入学还有5天时间，申庆伟就搭乘别人拉货的卡车先期来到百里之外的滑县。看着鳞次栉比的高楼大厦和建造别致的民居，申庆伟先怯了几分。他不敢问津这些华堂美舍，因为这对于他穷得只剩娘儿俩的家来说，连想想都是一种奢侈，甚至是罪过。

申庆伟不敢对繁华的县城多看一眼，便一路打听来到了滑县师范学校。师范位于县城东郊，周围是绿树掩映的村庄，透过浓浓的绿色，不时可以看到几处与现代化县城极不协调的简朴民居。这是申庆伟最愿意见到的东西，因为这些简朴的民居中的某一处，很可能就是他们母子俩几天后的栖身之所。

申庆伟怯怯地走进一所民居，实话实说，告诉房东自己打算带着瘫痪的老娘在此租住，房东婉言相拒。庆伟听得出来，人家不是不愿意出租，而是怕病人的晦气污了地呀。庆伟转过身，朝两间低矮破旧的房屋走去。说明来意，姓张的房东眼窝潮湿，将两间破房全租给了庆伟，答应每月只象征性地收他20元钱。

找到了栖身之所，庆伟的心事减轻了许多。9月6日一大早，庆伟将家中的破衣烂被、盆盆罐罐装上了租来的一辆工具车。娘死活不上车，庆伟眼含热泪，说："娘，你要是不去，我能安心上学吗？娘，去吧，我会好好上学，好好待您的！"母子二人来到租来的家。

这是一个怎样的家呀！两间五十年代的破瓦房的瓦棱上长满了青苔，外墙歪歪扭扭，一副"弱不禁风"的样子。门楣低矮，窄窄的门板已经腐朽。

庆伟用瘦削的肩膀弯着腰将娘背进了屋，轻轻地放在用木板和高粱秆拼起的床上。

9月7日，庆伟到学校报到后，班主任郑聪敏在为他安排宿舍时，申庆伟说他不住校，在外面有房子。郑老师想追问原因，庆伟早没了踪影。

郑老师决定"微服私访"。第二天中午放学后，郑老师悄悄地跟着申庆伟走出了校门，跟到了庆伟的"家"。

秘密被老师发现了，庆伟也不好再隐瞒。听着庆伟的诉说，这

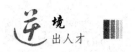

位年轻的女教师背过脸，泪如泉涌。

"庆伟，真难为你了。你需要我做些啥？尽管说吧！"

"俺需要时间，俺得有时间照顾娘。"

"我会把你的要求带给学校领导，尽可能满足你。"

郑聪敏老师回校后来不及吃饭，立即将申庆伟的情况向校领导进行了汇报。

当时的刘增录校长感叹地说："大孝子啊！申庆伟是大孝子啊，我们无论如何也要帮他从滑师顺利毕业。"

随即，学生科特许申庆伟不参加"两操一自习"，给他时间照看娘。

申庆伟携母求学的消息不胫而走，一股股爱的暖流裹挟着一颗颗滚烫的心，潮水般向母子二人涌来。

他叫李五聚，内黄县县委副书记，他听说自己工作的那片土地上出了一位不嫌病母的"寒门秀才"，这位父母官坐卧不安。他觉得不帮申庆伟一把就对不起他的黎民百姓。1996年中秋节前一天，他风尘仆仆地驱车赶往滑县，将400元钱递给庆伟说："你是我们内黄家乡的骄傲，你演绎了一个当代'王祥卧冰'的孝子故事。"

仅隔一天，内黄县教育局的领导以及申庆伟曾就读过的内黄县豆公乡中校长等一行，带着2000元现金，3床棉被和部分棉衣抵达滑县师范，老校长握着申庆伟的手说："孩子，你用行动否定了'忠孝不能两全'的千年传统，我为你高兴。"

与此同时，滑县师范学校的"爱心行动"也在悄然进行，学校破例从办公经费中拿出1000元钱送到申庆伟手上，莘莘学子把省出的零花钱投进了捐款箱，自发组成的"学雷锋，帮庆伟"小组也来到了庆伟妈妈的病榻前……

新闻媒体也在第一时间迅速介入，"孝星"的光环像一团暖烘烘的热浪，把申庆伟裹挟得不知所措。

申庆伟要为娘买一件新上衣，便宜的新上衣。他在服装市场上转了半天也没选中一件合适的，主要因为价格不合适。卖服装的女老板在电视中见过他，问他是不是师范的申庆伟。他说是。女老板塞给他一件女式上衣，说啥也不要钱。庆伟苦笑着，很为难。他无法拒绝人家的好意，他更不想因有一个病母就去贪占。他后悔自己的诚实。

申庆伟这几天太忙，忙得顾不上做饭。学校食堂卖饭窗口挤满了人，申庆伟一去，同学们不再拥挤，给他让出了位置，卖饭师傅也不收他的饭钱，庆伟很愧疚。

"孝敬父母是天经地义的事，背娘求学也是不得已而为之，面对这么多好心的无私帮助，叫我如何报答呀！"申庆伟反复叩问自己。

"普通的人，平常的心。"班主任郑聪敏老师说，"继续给娘治病，好好充实自己。"

学生科的蔡科长说："你是申庆伟，是背娘求学的师范生，社会之所以关注你，是因为你孝顺，有志气。"

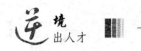

老师的话，申庆伟牢记心头。

在爱的暖流形成的漩涡中，申庆伟重又恢复到平常心态。

从学校到家500米，从家到学校500米。500米，踏踏实实的"孝子"足迹叠印着申庆伟的一颗平常心。

500米的一端是娘，是庆伟与娘栖身之所，那里还珍藏着众人的片片爱意。庆伟不敢浪费人们的爱心，因为那是给娘的救命钱，是他的求学路上的铺路石，他唯有珍惜。况且，他过惯了紧巴日子，也舍不得去挥霍，穿的依然是那身洗得发白的校服。白水煮面条，咸菜就凉馍，他吃起来依然津津有味。另一端，是人民教师的摇篮，一走进这个热情的校园，就浑身洋溢着报效社会的热望。他不会特殊，也不想将自己变成"特殊人"而游离于同学们之外，发奋犹如一支催化剂，使他在这个热情的群体中迅速进行着化学反应。

爱如潮水，依然源源不断涌来，申庆伟决定送娘到医院继续接受治疗。

申庆伟暂时把"家"搬到了安阳矿务局医院。

娘恢复得很慢。好像冥冥中有一个诡秘的"神灵"在考验申庆伟，考验他的孝心到底能支撑多久。

1997年腊月廿九，稀稀拉拉的鞭炮声渲染着过年的气氛。

庆伟第一次和娘在外过春节，他不会操办年货，连肉也没买，一如平常淡淡的日子。

他想和娘在食堂凑合着吃。早上食堂没动烟火，午饭时他到街上给娘买了一碗肉丝面。

这事没瞒过安阳矿务局医院的杨书记和李主任。他们很着急，晚上食堂还没开饭，李主任就送来了饺子。

大年初一，庆伟难受了一天，别人团圆时，母子俩守在病房，他伤心。正月初二，医院杨书记来了，还带着照相机，给庆伟母子拍了一组团圆照。庆伟的心情好了许多。

这天晚上，庆伟又跌入了忧愁的深渊。他接了一个电话，是初中同学春海打来的。没聊几句，他心里便像灌满了重金属。

春海说："我见到你姐了，她一个人在你家过日子，是不是她和口上（姐姐婆家村名）的不过了？"

手足连心，庆伟拿着话筒呆呆地发怔。

除了娘，姐姐是他唯一的亲人，她疯，她傻，她不会过日子，但庆伟不可能也带上姐姐，她是有家室的人，姐夫待她也不薄。或许是姐又犯疯病了吧，庆伟这么想，这么宽慰自己。

想姐姐是件痛苦的事，几个月前，庆伟带着娘来到滑县时，他没对姐姐说，他怕她再受刺激。或许，直到如今姐姐也不知娘和弟弟的去向。她清醒的时候，心中的煎熬一定比弟弟更难受。

庆伟真想回到姐姐身边，给她安慰，给她手足情分。但他做不到，他要上学，医院离不了他，娘更离不开他。

等到"五一"国际劳动节吧，"五一"学校一放假就回老家看望姐。庆伟这么想。

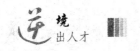

1997年5月1日，庆伟趁学校放假，将娘托付给同学卫芳、彩红，乘上了开往家乡内黄的班车。姐弟俩8个月没见，抱头痛哭。

暂时清醒的姐姐没有责怪他，她知道庆伟做得对，还一劲儿催庆伟快回滑县，回到娘身边。对姐姐那份发自内心的朴素情感，庆伟很感激。

磨难一直漂浮在庆伟一家人的命运苦海中。后来姐姐被人拐骗时，庆伟几乎放弃学业，他舍不下这份姐弟亲情。是现在的班主任郝运岭给他再次开辟了一个"绿色通道"，为他上下奔波，安排学生照顾他娘，同人贩子周旋。姐姐最终被解救出来，庆伟才缓缓卸下沉重的心事，回到课堂。

回忆这段日子，庆伟在他的日记中写道：

……经历过无数生离死别，为了亲情和学业，我选择了磨难，背负磨难的日子，我又被暖流所带来的幸福包裹。在医院，在学校，在姐姐的朴素情感中我品尝了磨难之中的快乐，并明白快乐不是一时的高兴……许多人经常痛苦、忧伤，就是他们总企求人生一帆风顺，稍有不顺就怨天尤人。人生不如意事十之八九，坚强起来，就能在众多的不如意中寻找一条如意的人生之路……

经历了这些事，庆伟的人生观也在悄悄地发生着变化，他不只是要做"孝子"，他在酝酿报答社会。

在申庆伟成长的道路上，有一个人功不可没，他就是现任滑县师范学校校长兼党委书记李守义。李守义早在滑县当副县长时，对庆伟的事迹已有耳闻，去年春天到滑师上任后，"私访"的第一家就是庆伟母子。

李校长弓着腰钻进庆伟租住的房屋，一股霉味扑鼻而来。他环视了一下屋子，低矮潮湿，从屋顶的烂瓦缝隙中挤进的几束阳光，把斑驳脱落的墙皮照得惨白。庆伟边看书，边做饭，他瘫痪的老娘蜷曲在屋角的板床上呆呆地看着儿子。

李校长眼泪簌簌而下："庆伟，这就是你和你娘住的地方啊？快搬家，明天就搬到学校去住！"

学校的住房很紧张，办公都不宽绰，单身职工还挨挨挤挤，李校长让后勤部门腾出了一间向阳的琴房。

安顿好庆伟母子，李校长立即召集部分老师听取有关申庆伟事迹的汇报。他要重塑学生身边的这个典型，给未来的灵魂工程师们注入一剂"德操"添加剂。学校再度掀起了学习申庆伟的高潮。

李校长和滑师老师们的培养，使庆伟在德、智、体、美诸方面都得到长足发展，如一块经过反复琢磨的璞玉，渐放异彩，县政府命名他为"孝星"，团市委也命名他为"十佳青年"。滑师的校风、学风令人耳目一新。

今年春天，经过学校、省教委、国家教育部逐级筛选，申庆伟再次脱颖而出，被评为"全国优秀三好学生标兵"（全国仅有10个）。

5月4日，是申庆伟难忘的日子，继"全国优秀三好学生标兵"表彰会后，他又在北京人民大会堂参加了五四运动八十周年"纪念

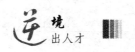

大会"，第一次亲耳聆听了党和国家领导人的报告，并同其他与会的学生代表一起登上了万里长城。

"父母在，不远游"。庆伟此番进京是代表全国青年学生啊，他无法拒绝，尽管他进京的时间短暂，但他还是放心不下瘫痪的老娘。长城脚下，天安门前，夜深人静时，他依然想娘想得泪水涟涟。会议一结束，他便搭上了南下的列车。

庆伟是个感恩图报的人，载誉归来，他就提笔给学校写了一份申请，打算从他剩余的1万多元捐助款中拿出1万元设立"优秀贫困生奖励基金"。他在申请中写道：

我是一名普通中师学生，没有惊人的业绩，也未曾做过惊天动地的事情。面对家庭的不幸，我只有选择带娘求学这条路……侍候娘是我做儿子的义务，刻苦学习、自强不息也是一个青年学生应该做到的。两年多来，我每收到一笔捐款，都如拿千斤之物……我们学校还有很多优秀贫困生，但他们常常为交不起学费而犯难，为了他们能和我一样安心读书，我请求学校接受我1万元捐款，设立一个优秀贫困生奖励基金……

（李万卿）

父亡母瘫，12岁女孩独挡人生苦雨

在长春市双阳区齐家乡，有这样一户苦难的家庭：丈夫杨忠军因患有肺结核，长年卧床不起；妻子张立坤因患小脑萎缩，双腿不能站立，瘫痪在床；7岁的女儿杨红玲，担起了家庭生活的全部重担。

一个小小的孩子，一边上学，一边照料双亲，一晃就是6年。

1998年12月27日，记者走进了这个苦难的家。这时，杨红玲的父亲已经去世一年多了，12岁的红玲已经成为这个苦难家庭的栋梁，支撑着妈妈，支撑着依旧是苦难的岁月……

苦命的父母，苦难的家庭

不公平的命运，早在小红玲出生之前，就为她布下了一张苦难的罗网，她父亲杨忠军和母亲张立坤都出生在贫困的农家。杨忠军18岁染上了破伤风，从此身体一直病弱不堪；张立坤15岁得了流脑，被误诊为肝炎，导致小脑变形，落下终身疾患。

1985年秋天，26岁的杨忠军和21岁的张立坤结了婚。所有的结

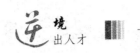

婚用品就是6只碗、一把筷子。穷困的家庭连一床被子都买不起，更不用说房子了。夫妻俩挤在一个亲戚家的对面炕上。

张立坤嫁过来，没有责任田，家里就只靠杨忠军的二亩水田、一亩旱田来维持生活，去了农业税，就剩不下什么了，常常是吃了上顿没下顿。

张立坤父亲见他们生活实在凄苦，就不时地送来些米面油盐接济，后来又给借了400元钱，杨忠军自己也借了200元钱，好歹买了一座草房。

就在这座草房里，1986年12月20日，他们生下了苦命的孩子——杨红玲。

由于营养不良，张立坤生下孩子后奶少，孩子饿得嗷嗷直叫，放炕上就哭，有时叫得满头大汗。夫妻俩不知是怎么回事，就抱到村卫生所，医生说："这孩子是饿的！"

没钱买奶粉，8个月的时候，张立坤就开始给红玲喂饭。可怜的孩子，一边吃一边吐，哪到吃饭的年龄啊！

红玲一天天挣扎着长大了，张立坤的病却一天比一天严重，走几步路就觉得腿发软。

1991年8月，一场罕见的洪水袭击了长春市双阳区（当时为双阳县）。张立坤带着红玲去娘家躲洪水，杨忠军留在家里看家，可他在洪水中着了凉，发了一场高烧，没想到这一场高烧就转成了大叶肺炎。

由于没钱，杨忠军打了几次点滴，稍有好转后，便停了药，结果留下了隐患，一干重活，就觉得吃力，总是呼哧呼哧直喘。

地，种不动了，只好包给别人：1993年春天，杨忠军去了石溪鹿场打更，每月挣150元。

1993年12月，杨忠军又发病了，鹿场的工人找车把昏迷的他拉到医院里。醒来后，怕妻子知道了受刺激，他就告诉护理人员说："千万别告诉我媳妇。"13天后，借来的一点钱花光了，他也勉强能站立起来，就坚持出了院。

红玲见爸爸回来了，又瘦了一圈．并且手上粘有胶布，就问他："爸爸，你打针了吗？"

"我没打针"他急忙掩饰说。

"不对，你这手上全是针眼！"红玲坚持说，

"咋了，你有病了？"张立坤在炕上艰难地欠起身来。杨忠军的眼泪一下子流了下来："我差点回不来了，见不到你们娘儿俩了……"

一家三口抱头痛哭。

1994年冬天，杨忠军又一次发病，从石溪回到家中。这一次他已彻底地打不了更了。没有钱进医院，他只好到村里一个医生家里打针。简陋的医疗条件、廉价的药品无法控制他的病情，肺炎迅速向肺结核转化，肺部已明显出现了空洞、化脓，每天吐出的浓痰足够装满一大茶杯。

夫妇俩卧病在床，这个家庭就只剩下红玲一个能动的人了。一

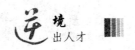

天两顿饭，打扫卫生，洗爸爸妈妈的脏衣服，为妈妈端倒大小便，8岁的孩子忙得团团转。

张立坤的病越来越重，有时走几步便东倒西歪，站也站不起来，坐也坐不住。红玲便挽着妈妈走到外屋，让妈妈扶着墙，坐到稻草上，指挥她如何做饭。做完饭，她再把妈妈挽到炕上，为妈妈盛上饭。张立坤手不好使，连筷子都拿不住，只好用手使劲握住勺，在红玲的帮助下，才能把饭吃到嘴里。

这一年的秋天，在苦难中早早成熟了的红玲上学了。每天放学，她都早早地跑回家里干活。这一年夏天，天旱，菜园里没有水，家里的井也干了，红玲就用盆把机井水往家里端。一趟又一趟，瘦小的身躯，让乡亲们生出一片叹息，谁看了都心疼地上来帮她一把。在菜园里，种菜还好说，尽管累点，她不怕，摘菜的时候就艰难了，够不着架上的豆角，她就偷偷地准备几块砖头，先把砖头摆好，再踩上去。有一次，砖头没有摆好，突然塌了下来，红玲也从上面摔了下来！张立坤坐在炕上，透过玻璃看见了这一切，心一紧，眼泪马上止不住流了下来……

冬天的早晨，5点多钟还是漆黑一片，红玲自小怕黑，起来做饭时，就挽着妈妈一点一点从里屋挪到外屋，然后让妈妈坐在柴草上，倚在墙边，陪着自己。后来妈妈一点也动不了，红玲就让妈妈在里屋不停地说话，给自己壮胆。那一次，刷锅时，红玲由于个子小，胳膊短，够不到锅里面，一抬脚跟的时候，一下子重心不稳，向前扑过去，双手触到了锅里。幸亏锅里的水没开，红玲仅仅是烫了满手的大泡，否则后果不堪设想！

捧着红玲满是大泡的手，张立坤和杨忠军心如刀绞，抱头痛哭。

为了让卧病在床的爸爸妈妈能吃上早饭，红玲坚持每天早起，尽管那是人最疲劳的时候，也是最冷的时候。她知道，如果早上起不来，自己空肚子上学是小事，爸爸妈妈就要空肚子饿一天。因为中午的午休时间太短，不能回来。为了驱走疲倦，她就起床后多用冷水洗几次脸，使自己清醒。那时候，家里没有表，有一天早上，红玲一睁眼，发现窗子白晃晃的，坏了，起来晚了，她一骨碌爬了起来，马上点火做饭。饭做好了，她又温了水，给妈妈擦了脸。可外面还没有放亮，妈妈说："孩子，怎么没有听见鸡叫？"红玲推开房门，原来是月光太亮了，这时才只有早上四点钟。她跑到邻居家里，去问几点了，看见邻居家比自己大几岁的孩子还暖暖地睡在被窝里。她傻傻地望了一会儿黑暗的夜空，眼窝潮湿了。天总有亮的时候，可自己的苦难什么时候出头呢？但只是片刻，她就又折回身，洗起了衣服……

病魔夺去了爸爸的生命

从红玲家所在的北大桥屯到齐家乡中心小学，有2公里路，每天，红玲就在这条路上来回奔波着。早上5点，她起床做饭，服侍爸爸妈妈吃完，自己再匆忙吃上一口，然后便一路小跑奔向学校。中午的时候，休息只有半小时，同学一般都进小吃部，吃一碗冷面，吃几个茶蛋。没有钱的红玲，就坐在课堂里，别人问她，你怎么不吃饭，她说，我不饿。饥肠辘辘的红玲就这样坚持着上完下午的课。下午放学，她又是一路小跑匆匆赶回家里，回家就是倒便盆、做饭、洗衣服、收拾屋子，然后再做好作业。晚上她7时准时入睡，以便第二天早早起床……

繁重的家务，红玲从未说过一声累。她只盼望爸爸妈妈的病早些好，即使不好，天天呆在家里不干什么，她也高兴，累点无所谓，因为回到家里就能看见爸爸妈妈。

然而，这一点点愿望也快要成为奢望了。

到1996年冬天，杨忠军的病情急剧恶化，由肺结核转成了肺癌，由吐痰转成了大口大口地吐血。

张立坤求娘家人东挪西借，又借了几千元钱，送丈夫去双阳医院住了半个月，然而终究回天无力。

1996年初冬，北方的第一场大雪纷纷扬扬地飘了下来，而杨忠军家的稻子还没有割，都还站在地里。杨忠军坐在炕上，不停地喊着："稻子完了，全都让雪打倒了……"红玲找来了姥爷、姨夫等人，好心的邻居也都赶来了。杨忠军也强挺着摇摇晃晃地站了起来，好不容易挪到地头，就开始大口大口地喘气，一起身，就摔得顺坡打滚，一边滚一边咳嗽，咳出的血满地都是，在下过雪的洁白地上分外刺眼。

红玲跪在地上，抱着父亲的头："爸爸、爸爸，你醒醒呀！"眼泪像断了线的珠子一样，帮助的人无不落泪。

到了1997年7月，杨忠军的肺癌已经发展到晚期，剧烈的咳嗽使他无法躺下，只有倚着枕头坐在炕上。这一坐，足足坐了3个月！

1997年9月28日，杨忠军对张立坤说："我怎么这么馋饺子呢？"可是贫困的家庭哪有钱去买肉啊！张立坤对红玲说："你去卖点米包顿饺子吧！"杨忠军忙说："不行，米卖了，我死了之后，你们娘俩吃啥啊？"死活不让红玲去卖米。结果饺子就没有吃上。这天晚上，吃的依然是白菜土豆汤，白菜、土豆是他们家整个秋天以来仅有的两种菜。张立坤和女儿都没有想到，这是杨忠军在人世间吃的最后一顿饭。

1997年10月1日凌晨，杨忠军开始不断地出汗，身上的衬衣湿得透透的。红玲摸着爸爸发凉的手，哭着说："妈妈，爸爸怎么了……"

杨忠军大口大口地喘着气，对妻子和女儿说："我好像是不行了，我死了倒是无所谓，只是坑了你们娘儿俩啊！"两行浑浊的泪从杨忠军又黄又瘦的脸上滚落下来。他知道，自己双眼一闭，一了百了，可这娘儿俩，一个瘫痪，一个年幼，可怎么生活，尤其是这几年频频住院，欠下了一万多元的债务，她们拿什么去还啊！

红玲扑到爸爸怀里："爸爸，我不要你死，你不能死啊……"

杨忠军喊疼，又喊渴，红玲起来给倒了一碗水。他刚喝了一口，碗就拿不住了，掉在了怀里。

凌晨4点，才39岁的杨忠军艰难地看了红玲一眼，说了句："玲玲，你和你妈妈好好过吧！"头一歪，就永远地告别了这苦命的娘儿俩。

他们结婚至今14年，一家三口人没添过一件新衣服，杨忠军就穿着一身穿了10多年的打着补丁的衣服去了另一个世界。

送走了爸爸，红玲哭得像个泪人。此时正赶上村里供电改线，张立坤交不起80元的改线费，电也被掐了。黑咕隆咚的夜晚，红玲抱着张立坤说："妈妈，我好害怕啊……"娘俩一次又一次抱头痛哭。

小女儿，让妈妈学会坚强

丈夫去世后，一股急火使张立坤的病更重了。这之前，她有时还可以扶着东西挪出室外，现在，她几乎一步也挪不了。每天红玲上学之前，先把便盆放在炕沿边上，张立坤大小便的时候，就一点点挪到炕边去方便。

由于长年缺少油腥，张立坤又总是瘫在床上，缺少运动，患上了严重的便秘。杨忠军去世之后，着急上火，又使张立坤的便秘更加严重了。

这一天，红玲上学去了，张立坤挪到炕边，蹲在便盆上，从7点到10点，还是没有便下来，长时间的蹲坐，使她本来就一点力气也没有的两条腿再也支撑不住了，一下子昏倒在地上。房后的一位邻居徐大娘过来，发现了情况后，连忙将张立坤扶到炕上，为她倒了一杯蜂蜜水，又安排别人去叫回了小红玲。

张立坤一头扑在炕上："你爸不在了，我也不活了，我这个废人啊，一点用处也没有，只能连累你，让你跟着遭罪啊……"见妈妈被痛苦折磨得近于绝望，小小的红玲心中生出了一种从未有过的责任感。她要教妈妈学会坚强。她抱起妈妈，哭着擦去妈妈的泪水，说："妈，爸已经死了，你哭也哭不活，家里还有我呢！你要死我也死，我去吊死！"

红玲的话，让张立坤一下子从绝望中恢复了理智，怎么能去想死呢，有这么一个坚强、懂事的好女儿，一定要活下去，没有吃不了的苦！

张立坤答应红玲："你去上学吧，妈不死。"徐大娘也帮着劝张立坤："你哪能死呀，起码要把孩子经管大呀，你不在了，孩子依靠准呀？"

这时，红玲才放心地重返学校。

爸爸去世后，为了不让妈妈痛苦，坚强的红玲把这份父女之情深深地埋在心底，从来不在母亲面前提起。一次偶然找东西，她翻出爸爸妈妈的结婚证，那里有一张爸爸妈妈的结婚照，也是爸爸留下的唯一一张照片。红玲鼻子一酸，眼泪止不住地流了下来。妈妈怕红玲总是难过，就偷偷地把照片藏了起来，准备找个时间悄悄烧掉。没想到，红玲把这张照片偷偷地找了出来，放在了自己的书包里，一直藏到现在。

1998年10月1日，是杨忠军去世一周年的日子。这一天黄昏，小红玲从徐奶奶那儿借了6元钱，买了200张烧纸，让老叔领着她来到了大坝上。在萧瑟的秋风中，小红玲点燃了烧纸，一缕缕青烟袅袅飘向苍天，仿佛是小红玲那无尽的思念……

小红玲一边烧纸一边哭泣，在飘零的落叶里，哭声随沟渠的水声一起传向远方，让所有的过路人为之落泪，为之心颤。

就在这苦难中，在干不完的家务中，在那忍也忍不住的泪水中，小红玲上学从未迟到过，成绩也一直排在上等。

而要强的张立坤和杨红玲也没有把困难告诉给政府和学校。直到有一天，老师发现红玲没有写完作业，问她为什么，她说妈妈犯病了，老师才知道她有着这样一个不幸的家庭。

齐家乡中心校当即决定，免掉杨红玲的学杂费。知道了她们家的情况后，1998春节，村里送来一袋面粉和13件衣服，乡里送来了200元钱和6斤猪肉。

一个苦难而不幸的家庭和一个顽强的孩子，引起了全社会的关注。长春市有线电视台为红玲录制了专题片《我的一天》，节目播出后，许多人潸然泪下。人们在对这个不幸家庭同情的同时，更为一个幼小的女孩能撑起家庭的重担而感动不已。

一个在监狱服刑的犯人每月为红玲寄来100元钱，他在写给红玲的信中说："红玲同学，是你使我明白了，如何做一个人——做一个真正坚强的人，不被任何厄运和不幸吓倒。"

　　1998年12月3日，一辆面包车开到了齐家乡北大桥屯。长春市第二实验小学的老师和7名学生代表为红玲和她的妈妈送来了深情的问候，孩子们站在小屋里，为张立坤和小红玲表演了一个又一个节目，看得张立坤母女俩泪湿衣襟。

　　尽管一万多元债务还像大山一样，压在她们头上，但张立坤和红玲母女俩依然对生活充满了信心。张立坤说："我不能死，我要挣扎着活下去，为了这个坚强的孩子。"红玲在一边照料母亲、一边上学的劳累中，也始终怀着自己的一份梦想，那就是，读高中，然后考大学！

　　坚强的孩子啊，有这么多好心人帮助你，你一定会实现自己的梦想！

（柴寿宁）

我终于读懂了大山一样深沉的父爱

（一）

1999年7月24日，对于我来说是个黑色的日子。这一天，高考分数线公布了，我以7分之差，被划出了线外。

我将落榜的消息告诉父亲。父亲正在扎扫把，他半天没吭一声，只将还没扎牢的扫把柄用力地在板凳上摔打，一下、两下……声音沉闷得让人透不过气。我知道他是在借此发泄怒气，怨我不争气，没考上大学给他丢了脸。

傍晚，父亲又在扎扫把，这是他唯一的手艺，他扎的扫把结实而耐用，一把能卖三块五毛钱。我平时读书的费用，除靠他老实巴交地种田外，就是靠他一把扫把一把扫把地挣来的。房里已堆了好些扎好的扫把，听大哥说，那是父亲为我上大学准备的。我知道父亲很失望，于是上前去宽慰他说：只要复读一年，我明年一定考上大学，毕竟只有7分之差呀。谁知父亲一把将扫把摔在地上，黑着脸说："没门！平时不好好读书，靠复读？我没钱送你复读。死心塌地当农民吧！"

我不死心，央母亲去求父亲，让我复读一年。父亲还是死不松口。

我的心冷了，晚饭也没吃，躺在床上怔怔地发愣。如果复读，我明年一定能考上大学，而父亲他……他太残酷了，他就这样忍心断我的前程？我不由得想起父亲平时待我的点点滴滴，越想越寒心，他待我，除了严厉外几乎找不到一点温情。他真的是我的父亲吗？我有些怀疑，哪有亲生父亲这样不关心儿子前途的？

这一晚我越想越气，决定离家出走。我收拾好行囊，悄悄地离开了家。到哪里去我不知道，我只想离开这位冷酷的父亲。一口气走了五里地，感觉后面有人跟着，回头一看，父亲一声不响地跟在我的后面。五里地呀，他一直这样跟着我走，父亲还是父亲呀！他还是放不下我！我顿时心中一热，站住了。谁知父亲只冷冷地说："想走？没门！我养了你18年，你乖乖地跟我回去，帮我种18年地，还清了这个债你去哪我都不拦你！"炎炎七月，我只感觉到从脚底涌起一股寒气，很快透身冰凉。天下还有这样的父亲吗？"要还债是吧？我还！"我也赌上了气。

就这样，安徽省宿松县蜈蚣岭村多了一位18岁的农民，那就是我——苦命的虞国雄。

（二）

1999年7月25日，我实实在在地进入了农民的角色。上午8点多钟，外面一点风都没有，地面像是被火烤过似的，赤脚走在地面上，脚板感觉到阵阵灼痛。父亲像冷酷的杀手，毫不留情地赶我下田，逼我学习耕田。

初试耕田，那头大黄牯总是不听我的指挥，田自然而然地被耕花了。父亲站在田埂上，冷眼看着我，像是验证我的无能。这激起了我的怒气，于是我把这股怒气撒在那头牛身上，我狠狠地抽打它。牛吃不住打，奋蹄狂奔起来，奔到田埂旁，也不停止。结果木犁扎在田埂上，"哗啦"一声，被大黄牯拉断了。大黄牯一下子卸去了束缚，向山上狂奔而去。我紧追其后，父亲也跟了上来。在老屋山的山坡上，我费了九牛二虎之力，总算逮住了那头牛。

我的恼火是可想而知的，一逮住牛，我就拼命地用皮鞭抽打它。打急了，牛的性子也上来了，它抵着头，凸圆了眼与我对峙，大有反戈一击之意。父亲在远处见了，慌忙喊："国雄，别打，牛的性子上来了。"我哪里听得进，又甩了一鞭，这一鞭刚下去，大黄牯鼻子里就喷出一股粗气，一抵头，那如铁的额头，重重地撞在我的肚子上。我立即摔了个仰八叉。

这一变故是我始料不及的。父亲已在向这边狂奔，他大喊："国雄，快跑，快跑呀！"那声音有些凄惨。我没来得及逃跑，因为大黄牯的野性完全发作了，它再次撞向我。我被牛头腾空撞出了一米开外，胸口的疼痛使我喘不过气来。我还来不及爬起来，大黄牯就跟着过来了，它侧着头，那尖尖的硬硬的犄角毫不留情地指向了我的心窝。"完了，死定了！"彻心彻肺的寒意袭上来，我闭上了眼睛。

就在这时，父亲冲了上来，他拼命抱住了牛头，用他的胸口挡住了那又尖又硬的犄角。我听到父亲轻轻呻吟了一声。在这刻不容缓的时刻，我在地上打了一个滚，爬了起来；而父亲却被大黄牯毫不留情地抵到了地上。他的脸，痛苦地扭曲着。

是父亲拼死救回了我的性命，而他现在却置身于危险的境地，我不能不管他。这一刻，对父亲的种种不快已经荡然无存，只有一个信念在支撑着我：救回父亲！我抄起皮鞭，用力地在牛背上抽打，想将牛的注意力吸引过来，逼它放开父亲。

父亲明白了我的用意，冲我大喊："孩子，别打了，你走，你走呀！"我没听，仍抽打着牛。我的方法奏效了，大黄牯松开了父亲，调头朝向我。父亲死命抓住牛的犄角不放，一边冲我大嚷："国雄，快跑！"但我已无处可跑，大黄牯已暴怒地撞向我。父亲不知哪来的力气，他的双手紧紧抓住牛角，脚在地上用力一蹬，身子便转到了牛头的前面，他用自己的身体硬生生将我与牛隔开了。牛头顶着父亲撞向我，我跌倒了，跌倒的同时，我听到"咔嚓"一声骨头断裂的声音。

我没有受伤，父亲的左臂已无力地挂了下来，我知道，他的左

手已经断了。我又从地上爬起来，父亲则仰面朝天，被大黄牯死死地顶在地上。他侧过脸来望向我，尽力地喊："国雄，快跑呀，快跑呀！"

我没有动，我必须想办法救他。父亲的脸色已变成死灰，而他的眼里流露的却是乞求的光，他望定我，哀求地说："雄儿，我的孩子，我俩不能都死在这里，听爹的话，快跑啊，就算爹求你了，你为爹留一条命吧。"那份哀求令我心颤，我一时没了主意。

大黄牯在原地蹦跶了一下，然后一甩头，将父亲凌空挑起，重重地摔在地上。它蹦哒着转过身，向我奔来。

"快跑！"父亲歇斯底里地喊了一声，那喊声凄惨得让人心里发怵。而我已被迫近的危险吓得双腿没了力气，呆立在那里。

"我的孩子，你跑呀！"父亲哭了，他那苍老的夹杂着震颤的哭音透出无穷的悲哀与绝望。他从地上爬了起来，不顾一切跌跌撞撞地向我冲来。就在牛角即将刺向我的一刹那，他用他那完好的右手猛力推了我一下。牛的犄角不偏不倚，撞向了他的胸口。我又一次听到骨头断裂的声音。那可是父亲的胸口呀，我悲痛欲绝地喊了一声："爹！"而我也只来得及喊出这一个字，父亲的推力已使我滚下了山坡。

我捡回一条命。而村民们此时也闻声赶来了，将大黄牯围了起来。也许是怕人多，大黄牯的性子也渐渐平息下来。父亲躺在地上已是血肉模糊，昏死过去。大家抬起他，飞一般送往医院。我跟在人群后面，心里一遭又一遭祈祷：爹，你千万要活过来呀！

（三）

父亲醒过来的时候，已是第二天早晨，我和母亲还有大哥、大嫂都围在他的病床边。他一睁开眼睛，我们大家都惊喜地叫起来。父亲第一句话有些急迫有些含糊，但我们大家都听清楚了："国雄，我的国雄在哪里？"我扑过去，攥紧父亲的右手，已是满面淌泪，我说："爹，我在这！我在这！"父亲端详着我，端详了半天，见我没受什么大伤，脸上便有了一点笑意。喘了几口气，他的脸又黑下了，骂道；"那大黄牯真不争气，怎么就不顶死你，顶死该多清净。"

我的笑容顿时在脸上凝住了。父亲是巴望我死呀！但我立即推翻了这种想法，昨天父亲舍身相救的一幕仿佛就在眼前，那是多么伟大的父爱呀！可是，父亲的谩骂仍在继续："没用的东西，像你这么浮躁，能做得成什么事？怪不得考不上大学。像你这么浮躁，只怕这次没被牛顶死，以后也要活活饿死。"母亲在旁柔声说："你就少说两句，刀子嘴豆腐心，昨天还舍命救孩子，今天就咒他死？""你以为我真心想救他呀？我是怕人家说我眼见儿子遭难却见死不救，名声不好听。"父亲吼起来。也许是牵动了伤处，父亲咧了咧嘴，便再没吱声，无力地闭上了眼睛。我的心，一下子冷了，仿佛猛然间揭开了"伟大父爱"的面纱。

（四）

母亲给了我 10 块钱，要我去买半斤猪肝，说是猪肝补血，父亲流了不少血，要补补。我去了，带着对父爱的剖析和对父爱的心冷。

肉摊上只剩下半斤猪肝，连我一起有四个人要买。卖肉的一时没了主意，不知卖给谁好，于是问那三个大人，他们是为谁买的。那三人几乎异口同声："孩子。"一个说："我孩子挑食，就喜欢吃猪肝。"一个说："我想趁暑假为孩子补补身体，我孩子体质不好。"一个说："你俩让给我吧，我孩子小。"我听了一阵心酸：他们这些当父亲的是多么疼爱孩子呀！而我的父亲呢？他却从来没为我买过什么。从小我有什么菜不吃，他从没为我调剂过，反而敲着碗冲我吼："你以为你是太子呀？这不吃那不吃？就是塞也要给我塞下去！"我突然好羡慕他们的孩子。"你呢，你为谁买？"卖肉的问我。我小声答："为我爹。"那三个人都回过头来望着我。半晌，他们都同时说："那让给你了，我们不要了。"一个大伯拍着我的肩，说："好孩子，有孝心。唉，养儿养女为什么，不就巴望着他们以后孝顺？我的孩子以后要像你就好了。"我有瞬间的骄傲，但接着就是无穷的心酸：我要像他们的孩子该多好呀！

母亲将猪肝做好一碗，让我端给父亲。父亲一见就骂："你以为挣个钱很容易呀，要买这么多？"我分辩说才花三块钱。"三块钱？我扎把扫把辛辛苦苦两个钟头也才挣三块钱。"父亲又吼。接着，他命令我拿个碗来，倒出大半碗，说他吃不下这么多，叫我吃掉。我已是满肚子委屈，不想吃。父亲就又骂："这么热的天，不吃放到第二餐就坏了，你是想糟蹋我的钱呀？"我只得吃了，吃得很勉强。父亲看着我吃完，才去一口一口地吃那小半碗猪肝，吃得很投入。吃完了，汤都喝得一滴不剩，然后看着空碗，满眼迷恋的神色，喉结在一个劲地上下蠕动。我恍然明白，父亲并不是吃不完，就是再给他一碗他也吃得下呀，他是故意这样说省下来给我吃呀。我的眼睛不由得湿湿的。母亲转过背悄悄抹泪，她将我拉到外面，哽咽着说："为了供你读书，家里已经一年多没吃过猪油了。你爹最爱吃的就是猪肝。去年过年我为他割了7两猪肝，他只喝了一口汤，就逼我端给了你。说你读书费脑子，要补。那时他没病没痛，我没话说。可今天，我以为买点猪肝给他补补身子解解馋，你怎么就吃了呢？真不懂事呀。"我说："是他逼我吃，不吃就挨骂。"她说："傻孩子，爹是疼你呀。"我的泪不觉间流了下来：我的父亲呀，你到底是爱我还是不爱我呢？我真的读不懂你。如果爱我，你怎么忍心不让我复读呢？

（五）

自从父亲在医院里苏醒过来后，他就不停地念叨要回家，说医院不是穷人能呆得起的地方，他花不起这个钱。他的念叨使我觉得很没面子。怕同病房的人瞧不起，我就说："你别念穷好不好。"父

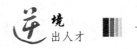

亲说："你怕念穷不好听是不是；嫌不好听就努力呀，不知道争气的东西！"我顿时哑言。

医生不准父亲出院，说他的伤还要观察。父亲说"我没钱，如果再坚持不让我出院，我没办法付医药费。"他这种近乎耍赖的话弄得医生也没有办法，所以他只在医院待了三天，7月28日早晨就出院了。

将父亲抬上回家的三轮车，由母亲照看着，我和大哥就返回医院收拾父亲留下的日常用品。大哥早已分家另过，他对我说："我猜得到爹的心思，他是怕在医院里治伤将筹集起来供你复读的钱用完了，耽误你考大学，所以怎么都不肯住院。"

我不由一怔："怎么，爹打算让我复读？"大哥说："早在你还没参加高考的时候，爹就找了我，要我攒一千块钱借给他。他说他也攒了一点钱。你要是考上了大学哩，就用这些钱送你读大学；你要是没考上大学哩，就用这些钱送你复读，明年再考。"

"可是，爹明白地告诉我，不给我复读的呀。"我有些迷惑。大哥不无幽怨地说："是你不知道争气！爹去找过你的班主任，你的班主任说你读书不很用功。所以爹很生气，故意说不给你复读。他要治治你的懒病，磨一磨你，让你知道当农民的辛苦，让你吃尽了苦，才知道争气，才知道努力。"

我的心被深深地震动了，"爹呀"，你不是不爱我，你的爱好含蓄，好深沉，我这个做儿子的愧对你呀。我站在空荡荡的病房前，望着还染有父亲血迹的被褥，哭了，一任悔恨和感激的泪水淌满双颊。而大哥的话仍在耳旁响起："爹说，不管怎么样，他就是卖血也要供你读上大学，不能让人家看不起咱……"

回到家里，我发现母亲正坐在床沿上，手上拿着一把还没扎完的扫把，父亲斜躺在母亲的身边，他那只没受伤的右手拿着细绳，正在扫把柄上费力地捆扎着、捆扎着，他脸上的肌肉随着右手的运动而抽搐，一下，两下。我泪流满面地奔过去，跪在父亲的面前，发誓说："爹，您放心，我一定好好磨炼自己的意志，不但考上大学，而且做个意志坚强的人，不负您的厚望，不负您的深爱……"

就这样，我来到建筑工地，既为自己挣复读的学费，又为磨炼自己的意志。我现在已干了20多天，挣了700元，按说可以停止，但我不想停止，我要干完这个暑假，不为别的，就为父亲那大山般深厚的爱。

编后：

父爱如山，但并不是所有的子女，都能读懂严父冷峻的面孔下那一颗滚烫的心！

对子女，慈母多以善的面目出现，严父则常以冷的方式，有时甚至是"恶"的方式去教育子女，而这种往往令子女难以忍受的"恶"，却寄寓着海一样深的关爱，山一样重的期望！

可怜天下父母心！我们在呼唤父母在教育子女时多注重与子女沟通的同时，也希望所有的孩子们多理解父母，多为父母着想，早日成就事业，报恩父母，报效国家！

（方冠晴）

如何在逆境中打开成功之门

  人们常说："环境锻炼人，环境改造人。"作为初涉人世的年轻人，必须有很强的适应能力，不管是顺境还是逆境，都要以达观的态度来适应，尤其在逆境中更要善于趋利除弊，在谋求适应的过程中去努力改造环境，打开成功之门。

  三年前，在同学们的羡慕中，俊伟以全校第一的高分考入了省建筑学校。在初入校门的兴奋和激动之中，他藏着一个梦想：三年后必有一个灿烂的前程，至少有一份不错的工作。当三年的校园生活写进毕业册时，学校却发下话来：今年毕业生就业形势尤其严峻，单位人员超编，一些职工下岗，就业压力特别大。学校希望大家自由择业，不要坐等分配。

  俊伟不敢相信这是真的，难道那美丽的梦想就这样一下子破碎了？自由择业意味着要自己找工作。父母有"关系"的同学忙给家里挂电话，他却不敢把这消息告诉父母，因为在山旮旯里辛劳一生的父母在他身上寄予了太多的期盼。想到父母那份沉甸甸的期盼，想到自己十年寒窗苦读到头来却是竹篮打水，他就食不甘味、睡不

知香。终于他忍受不了这种折磨，悬梁自尽了。

更令人惋惜的是，第二天省城某家建筑公司来学校招聘人才，作为班里尖子生的俊伟理应占有一个名额啊！是心理承受能力太差害了他。

有一位心理学家说得好："一个周边高矮不等的木桶，它的盛水量不取决于最长的那块板，而取决于最短的那块板。"俊伟的智力就像木桶上最长的那块板，而他适应社会的承受能力，却是最短的那块板。面对咄咄逼人的就业形势，他没有输在智力上，而是输在了心理承受能力上。

当然，在现实生活中，像俊伟这样心理极度脆弱的人并不多见。不过，大量的"准俊伟"们还是客观存在的。由于初涉人世，经验不足，当遭遇"狂风暴雨"时，年轻人惶惶不安也是正常的。关键是你要尽快去除这种有害情绪，免得自己像陷进沼泽地一样越挣扎陷得越深，以致超过心理承受能力，酿出俊伟那样的悲剧。下面几种方法也许有助于你去除有害情绪，提高你对逆境的承受力。

1. 坦率交谈倾诉法。就是找你所信任的、谈得来的知己，互相谈心，把你在逆境中的喜怒哀乐尽情地向其倾诉，不让内心积存任何消极的不利的情感和情绪。诚然，这种方法实际上就是传统心理治疗法里讲的情感排泄法。把你心中的郁闷、烦恼早早发泄出来，便可以避免因为消极情绪的刺激，而引起大脑皮层的高级神经活动过程中兴奋与抑制功能失调。

2. 自圆其说自慰法。人除了互慰之外，自慰有时也很重要。当自己陷入一个困境，适当地找些说得过去的理由加以"宽慰"，往往能解开心中的疙瘩，使心情愉快起来。这就是自慰。有许多事情，结局已定，就要设法从消极成分中"自我解脱"出来，不要老是站在那里垂头丧气。对自己说说宽慰话，就是在帮助自己走出低谷。

3. 等待机会平息法。"机遇对人并非平等"，这句话在生活中屡屡兑现。当眼看到手的机会从鼻子底下溜走时，不免有惋惜之情，自责、失落、追悔、消沉等不良情绪会乘虚而入，搅得你心烦意乱。然而，机会是不断有的，错过了一次机会，追悔无济于事，还是应当让心平静下来，积聚力量去等待。当机会失去让你悲叹时，你应尽量缩小这次挫折带给你的"负效应"，从幻想中"解脱"出来。昨天的机会一去不复返，重要的是去迎接新的希望。

清晨，建国像往常一样，匆匆起床，踩着点儿走出家门。妈妈在身后叮嘱他："下班后别忘了买菜。"他含混不清地"嗯"了一声，头也不回地走了。他跨上自行车，径直地朝工厂蹬去。一切都像往日一样，唯独心里涌起一阵酸楚。其实，他今天没有必要起这么早，更没有必要去上班，因为昨天他已经被通知下岗了。

他今天演的这场"戏"，是给人家看的，怕人家笑话自己——唉，怎么大学生也下岗了？想到这儿，建国的两行热泪止不住涌了出来，他感到委屈、伤心。在大学里他可是有名的才子啊。他没有

想到工作还不到半年，自己的名字竟会进入下岗者的行列！

初涉人世就下岗，命运确实太苛刻。你有理由发几句牢骚，乃至伤心一阵子，但决不能一味地怨天尤人。你的思想要想适应形势变化，就必须不断调整自己的思路，尽力克服由传统因素和思维方式所形成的惯性，这样才能有效地摆脱和改造逆境，最大限度地减少逆境对自己造成的不良影响。具体地说：

1．寻找楷模激励法。一个人努力向前去实现自己的目标，总会遇到逆境。有不少声名显赫的人物也是从逆境中打开成功之门的。

2．认知形势平息法。就是根据人的行为表现受制于某个人对引发事件的认知，人的情绪可经由某个人认知的改变而修正的心理规律，通过改变当事人的认知思考方向，用理性处理消极情绪的方法。这样，便可理智地控制情绪，使心胸开阔一些，眼光放远一些，从而为自己赢得更多更长久的解脱。

3．趋利除弊适应法。适应，是个体为满足生存发展需要或改造环境适应个体的需要，或改造自身以适应环境的需要。人们往往是在改造环境的同时也改造着自身。逆境中的年轻人，就要从实际出发，对各种问题，不退缩，不幻想，不逃避，以切实的方法给予处理，使一些有利于自己的条件和因素不断扩大。

15岁那年，崇贤告别家乡，开始为生存而流浪。他在钢材仓库里搞过搬运，在建筑工地上挑过沙石，在毫无安全保障的私营煤窑里挖过煤……沉重的钢筋压在他不满16岁的肩膀上，瘀血和血泡与他相伴相随；他挑着上百斤重的两筐石子朝高高的楼上攀登，腿铅一般地沉，腰虾一般地弓起来……

在如此恶劣的生存环境里，崇贤常常在睡梦中哭醒，之后便呆呆地坐着发愣，有时会不自觉地久久注视着家乡的方向，任凭泪水长流。他想不明白：为什么自己的命偏偏这般苦？难道这就是自己一辈子的生活吗？

逆境，像一片片乌云，笼罩在一些初涉人世的年轻人头上。如果注意力过于集中在这片"乌云"上，就可能产生不健康的心理定势，甚至神经质现象。改变这种状况的最好方法是丰富生活，改变对逆境的注意力。

1．遗忘处理转移法。生活是不断变化的，人总是在"遗忘——记忆——遗忘"这样一种循环往复中生活的。许多人对自己脑子的遗忘率过高深感忧虑，然而，生活中又确实是需要"遗忘"的。一个人如果能记住一切，那他决不会快乐的，当你身陷逆境时，不要为自己的思想留着大块时间，应该让自己忙碌起来，使自己在忙忙碌碌中遗忘掉痛苦的事情。这样，你就会信心十足，干劲十足，慢慢地快乐起来。

2．积极交往沟通法。逆境中的人常有自卑感，他们害怕与人交往，这往往会使自己的处境雪上加霜。毕竟，人是社会的人，希望得到关心和注意是人类基本动机之一。关心别人，帮助人家满足需

要，这样你在他人生活中的重要性就增加了，自然别人就会来关心你、帮助你，这不仅有利于你沟通感情，促进心理健康，还有利于自己走出逆境。有成就的人常常告诉人们，他们都曾有过良师益友，在从事工作的头几年，给了他们十分有益的指导。

3．环境脱敏娱乐法。当你身处逆境，而深深陷入自我烦恼之中时，不妨暂时离开你所厌烦的情境，通过改变自己的生活环境或生活方式来娱乐，从而得到排解和疏导。所以，当你情绪低落时，可暂时访友探亲，或外出旅游，或把心思放在谋求"第二职业"上，或听听歌曲，辅之以音乐疗法。这样也可以把苦闷、不平、忧伤等情绪转移或消除掉。

刘珍毕业于电子学校计算机专业，初到广州，她自信能找到满意的工作。然而几个月奔波的艰难，使她感到自己所学的知识在这个繁华的城市里是那么陈旧。每次面试，招聘者得知她学了3年计算机，都会脱口而出："那你电脑一定学得很精，操作也一定相当熟练。"这时她心里就会有一种惭愧，甚至是一种讽刺。当招聘者问她3年学了些什么时，她的回答只会使招聘者摇头，因为那些知识已经过时，在这里根本用不上。而招聘者问她一些现在很普遍很实用的软件时，她只能回答"NO"，于是她一次次与机会失之交臂。

而对于普通工人，刘珍又根本看不上眼。原因是工作太辛苦，住的大差，吃的又不好，工作时间太长等。终于，她打起包儿回家了。

像刘珍这样的年轻人找不到工作不是工作难找，而是自我感觉过于良好，吃不了苦，受不了气，适应环境和独立能力差，而更深层次的原因是她对父母的依赖思想，总认为自己有一条退路，受一点挫折就考虑回去，没有改变逆境的雄心壮志。其实，又有多少父母能为自己的儿女找到一份满意的工作？天上不会掉下馅饼，唯有自己积极探索，抓住了解决问题的"牛鼻子"，逆境才有可能向顺境转化。

1. 扪心自问反省法。逆境是一位严肃的教师，它能为我们提供一个重新认识、评价自己的反思机会。为何会陷入逆境？是自身原因，还是社会原因？若是自身条件不具备，可以通过及时修正目标而脱离逆境。如以自己的性格，不适宜干推销工作，而偏偏想成为一名优秀的推销员，岂不是扬短避长吗？发现自己的长处，把自己的长处用在刀刃上，是十分重要的。所以，满怀信心并不是说一味盲目行事。成功地脱离逆境，还取决于你准确地分析自己的情况，正确地认识自己的长处和短处。

2. 努力学习发奋法。"书到用时方恨少"这句古训，用来描述一些年轻人走上社会后的心态再恰当不过。由于知识储备不足，使一些年轻人在求职路上到处碰壁，就不由得后悔起来："在学校我怎么就不知道学习的重要？现在想抽点时间把以前未学习好的知识重新补回来，却既没有时间，也找不到学校那么好的学习环境和条件

了。"能意识到学习的重要性无疑是好的，但为自己不能学习找借口就说不过去了。要知道，时间犹如海绵里的水，要挤总是有的，更何况在如今知识经济时代，知识更新的速度是日新月异的，学习不仅仅是在学校的活动，还是贯穿整个人生的大事。努力学习，使自己具有真才实学，是助你脱离逆境的最重要方法。

3. 自我推销脱颖法。当然，有时候某些不良的社会因素也会把一个才华横溢的人压在逆境里。这时候，你顾影自怜、徒发怀才不遇的感叹又能如何呢？有不少成功人士，在逆境中决不怨天尤人，而是肯定自我价值，积极地自我推销，从而才脱颖而出的。千里马常有，而伯乐不常有。难道没有伯乐，千里马就要老死于槽枥之间吗？决不能！大胆地推销自己吧，艺术地推销自己吧，成功之门在等待着你打开呢！

（杨玉峰）

帮助自己走出困境的六种方法

　　几年前，我实现了人们所说的"美国梦"：拥有一个建筑公司、一幢舒适的住宅、两辆新车和一艘帆船。而且，我的婚姻幸福。我觉得自己拥有了一切。但后来，股市突然崩盘，再也没有人来买我建的房子了。连续支付几个月高额的利息后，我的积蓄见底了。那段日子，每晚我都彻夜难眠，浑身冷汗。就在一切无法再糟糕的时候，妻子又提出离婚。

　　我不知道自己下一步该怎么做，便决定驾着我仅剩的帆船来一次"朝着日落的方向的航行"，看着漆黑的大西洋在船底滑过，心想，让海水把我吞噬是一件多么简单的事情。突然，船垂直跌落在两个浪头中间，我顿时失去了平衡，身体掉到了栏杆外。我紧紧抓住栏杆，双脚在冰冷的海水中挣扎，奋力爬回甲板。我惊魂未定，心里想：这是怎么了？原来我不想死。从那一刻起，我知道自己必须挺过难关。过去的就让它彻底结束吧。无论如何，我必须重新开始。

　　每个人都要承受失去的痛苦：失去所爱的人，失去健康，失去工作。"这是你的'沙漠行进经历'——一个感到别无选择，甚至没

有希望的时刻。"心理学家帕特里克·戴尔·度坡说，"关键是，不要让自己在困境中束手无策。"那么，我们实际上能做些什么来帮助自己走出困境呢？我发现，人们可以自己疗伤。

悲痛时哭一哭

专家们认为，悲痛时哭一哭是有必要的。"这没什么可害羞的。"帕特里克·戴尔·度坡说，"眼泪并非脆弱的表现，而是用来宣泄你的悲伤和情感的一种途径，这种方式是必须的。"

有时候，悲痛要经过一段时间才释放出来，这并不要紧，只要它最终发泄了出来。唐娜·凯尔比就是这样的例子。一个夏日，她的两个儿子——16岁的克利夫和15岁的吉米正在给他们的船打磨。突然，唐娜听到一声惨叫。她冲到屋外，看到两个儿子倒在船的旁边。

在给船打磨前，吉米到附近的河里游泳，上来时浑身湿漉漉的。他没有拭干身体就拿起磨沙机，结果触电而死。克利夫试图去救弟弟时也被电流击倒在地，不过死神没有夺去他的性命，休养一段时间后他就恢复了健康。

丧子的悲痛使唐娜麻木了。连着几个星期她都没有哭，甚至葬礼上也没有流一滴眼泪。回去上班的第一天，她突然觉得头晕。"最后我回到家里，把自己反锁在房间里，号啕大哭起来"，她说，"之后，肩头的重负仿佛一下子都消失了。"

在遭受丧子的打击后，唐娜所经历的，就是帕特里克·戴尔·

度坡所说的"人们在遭受一些沉重的打击后先筑起一道防线，把自己的感情深深掩藏起来"。直到上苍给她时间慢慢处理自己的悲痛，唐娜才逐渐恢复过来。

健康地发泄愤怒

"愤怒是一种正常的情绪"，帕特里克·戴尔·度坡说，"但它能通过健康的途径发泄出来。"正确地认识愤怒会对你的复原有帮助。

25岁的康丹丝·布莱肯是一位航班调度员，刚生下孩子不久，未来似乎充满了希望。但有一天，她突然猛流鼻血。经过诊断，医生判断她患了急性白血病，只能再活两个星期。在最初的震惊之后，她很愤怒。"我自食其力，一向安分守己"，布莱肯说，"这样的事情不该发生在像我这样的人身上。"

医生的宣判彻底把她打倒了。"我不想再抗争什么。"她说。后来，医生对她说，她必须安排一个人来照顾她的女儿。"你怎么能叫我去找别人来抚养我的孩子。"布莱肯厉声说。那一刻，她意识到自己已有充分的理由为活下去而与病魔抗争。她的愤怒先是击垮了她，现在又鼓舞了她，并帮助她成功进行了骨髓移植。

接受失败

拒绝接受现实是人们在挫折中恢复过来的又一大障碍。美国精

神病学家迈克尔·阿洛诺夫博士指出，许多人不是勇于面对所发生的一切，而是选择了逃避。在遭受重创之后，一个很少沾酒的男人可能抱着酒杯度日，一个很注意身材的女士则可能暴饮暴食。还有的人——比如我——干脆试图"逃离现实"。

约翰·扬科夫斯基几乎为别人打了一辈子工，他一直希望有一个自己的公司。在50岁的时候，他终于有了启动资金开始了自己的事业。头两年公司经营得很顺利。他踌躇满志，准备扩大业务。但由于欠缺眼光，他的资金被一个大项目套死了，不久就陷入了严重的经济困境。

"我的事业、生活似乎都被击得粉碎。"他说。亲友的指责和巨大的债务让他喘不过气来，他想到了逃避。

一天早上，他在跑步时，索性不停地向前跑。但跑了两个小时之后，他又摇摇晃晃地折返回家。"我终于想通了，一走了之无法解决问题，唯一明智的做法就是正视自己的处境。"他说，"承认失败是一件很难的事，但必须承认这一点，才能从头再来。"

专心于某件事

波士顿大学教授、精神病学家贝塞尔·A·迈德科克建议："遭受损伤的人若想恢复原来的正常生活，最好强迫自己专心某件事而不是沉湎于痛楚之中。"他列出了一系列有用的活动：

加入一个互助团体。一旦你决心要"好好生活下去"，你就需要和人交谈，而最有效的谈话是和有类似经历的人进行的。

读书。在你遭受创伤后能集中精力做事情时，就开始读书，特别是一些有关自助的书，它们不仅能给你鼓舞，还能令你放松身心。

写日记。很多人能从记录自己的体验中找到安慰。最好它可以作为一种自我治疗的方式。

制订计划。有所期待能使你充满力量，朝着全新的未来稳步前进。例如，你可以计划一下被推迟了的旅行。

学习新本领。参加一个学习班，培养一种新兴趣或从事一项新运动。在你前面有崭新的人生，一门新本领能使它更加多姿多彩。

奖励自己。在高度紧张的时候，即使一些最简单的日常琐事：起床、沐浴、做饭也都似乎使人心悸。你要这样做，不管事情多么微不足道，完成了就当做一次胜利并奖励自己一番。

多为别人着想

"很多从创伤中走出来的人都觉得有必要采取一些有意义的行动"，贝塞尔·A·迈德科克医生说，"他们可能会成立一个组织，或者写书，或者为唤起这种积极的意识而工作。通过这些行动，他们发现帮助别人其实就是帮助自己的最有效的办法。"

你不必一下子就成为一个帮助别人的组织者。身居纽约的艾琳·罗伯茨是个68岁的医学秘书。她因患卵巢癌和乳癌接受了化疗，这种化疗令她痛苦万分。化疗期间，来自家人、朋友和为她祈祷的人

们的爱，让她保持了幽默的心境和积极的人生观。

罗伯茨的乐观感动了医生和工作人员，当她问他们感觉如何时，他们都乐意回应。"我就躺在那儿倾听，"她回忆说，"从不让他们觉得他们帮助我比我帮助他们多。事实上，多为别人着想，少考虑自己，对我的完全康复起了至关重要的作用。"

多给自己一点儿时间

人们常常会问："这可怕的痛苦何时才会结束？"专家们往往不愿意给出明确的时间。"你可能需要大约6个月的时间才能好转。"迈克尔·阿洛诺夫说，"也可能需要一年，或许两年，这很大程度上取决于你的意志，身边的人的支持，以及你是否获得帮助和你本身努力的程度。"

因此，轻松一点儿。要认识到你需要时间，你恢复的速度可能和别人不大一样。从悲伤中每走出一步就祝贺一下自己：我还活着呢，我已经做到这一步了。

航海真的是一件很费时的事情。我花了五个星期才抵达佛罗里达。本来是试图"逃跑"，我却踏上了旅程，这给了我一种户外的生活模式，它需要消耗大量体力以及大量的时间。我仍然处在痛苦之中，然而当我在迈阿密抛锚靠岸时，我已准备重新开始。尽管如何开始，我还未确定。

（庞启帆　编译）

他们都曾入错行

　　他在歌厅当过驻唱歌手，组过乐团到处"走穴"演出，还开办过工厂，做过"北漂"。最后，因为"不想这么耗着"，才报考了北京电影学院的配音专业，有一位长辈得知他考上电影学院后，曾语重心长地告诫他：女怕嫁错郎，男怕选错行。慢慢走上了演艺道路，小眼睛的他凭借《斗牛》获得台湾电影金马奖最佳男主角时，他手握奖杯在全场善意的笑声中说：看样子，我选对了。所以现在他出现在大家面前的身份不是企业家、歌厅艺人，而是演员。他也有了志气和信心对自己说一声：我没有选错行。

　　他就是"影帝"黄渤。

　　同一场颁奖礼上，另一个女演员却因为得到"影后"称号而哭得不能自已。演艺圈里，她是公认的勤奋刻苦，不靠绯闻上位，不靠新闻出位，靠的都是一步一个脚印地拍好戏做好人，她能够得到影后，实至名归。然而有谁想得到新科影后当年也不过是个小县城里的音乐教师，她本人在回忆自己的演艺道路时也说过当时的自己很土，很没自信，当初报考上海戏剧学院，也并不是为了扬名立万，

而只是想圆一个成为大学生的梦。她不但如愿成了大学生，也成了内地年轻女演员中实力最强者之一，在金马奖之前，她已经获得华表、百花双料影后就是最好的证明。

她就是"侠女"李冰冰。

她来自小城市，却有着强烈的艺术追求和愿望，当年她高考落榜后，被分配到安徽蚌埠自来水厂当工人。然而，就像她自己说的"我觉得我是一个很不认命的人"，工人并没有成为她的终身职业。一次偶然的机会，有人对她说：你的表现力不错，可以去报考电影学院。这个女工的命运走向从此发生了逆转。此后的她塑造了一系列令观众耳熟能详的角色，成了最受老百姓欢迎的女演员之一，和导演顾长卫的爱情也被视为演艺圈的典范。

她就是蒋雯丽。

他在修车厂当过学徒，在电脑公司组装过硬件，而做过的时间最长的工作是建筑工地的工头。由于家庭条件比较艰苦，他工作起来十分卖力，常常比别人工作得时间更久，任务更多。在新加坡参加了一次业余歌手大赛后，他才渐渐走上歌唱道路。他的声音初次听起来粗粝、沙哑，称不上悦耳，但是听下去之后就会发现歌者的一份赤诚。在奶油小生充斥歌坛的时代里，这种特殊性使得他脱颖而出，他的沧桑不是刻意为之，而是生活阅历给予他的馈赠，所以他的歌一下子打动了千万歌迷的耳朵，他的唱片成为当年唱片销量榜上一匹最大的黑马。这恐怕是包工头时期的他从来没有想到过的事情。

他就是歌手阿杜。

命运是一部永不停止的连载小说，有许多可能性，谁也无法预知最后的结局。如果他们当初认命地活下去，也能过上常人生活，但演艺圈却将失去几位优秀的明星。在生命的关键点上，他们把握住了自己的命运走向，带着一股向上的冲劲儿，为了自己的理想打拼，这才有了后来的骄人成绩。甚至只是为了有朝一日可以问心无愧地对所有人说一声：我没有选错行。

（吴　谦）

苦难中孕育的奇女子

1964年12月28日，河南省古城安阳一条幽深曲折的小巷里，一个普通的工人家庭生下了一个女孩。女孩的母亲抓住女孩的双手幸福地对丈夫说，孩子这双小手像白玉一样，就叫她玉双吧。

玉双的名字由手而来，玉双的不幸也由手开始。那时，玉双全家人挤在紧临京广铁路边的一个小房子里，两岁多的时候，邻居有个姑娘带她到铁路旁边去玩，眼看着一辆火车呼啸而来，小玉双吓得失足摔倒在铁路旁，一双小手紧紧地抓住铁轨不放。一阵轰鸣过后，小玉双一双洁白如玉的小手只剩下了两个光秃秃的手腕，淌着鲜血……

虽经全力抢救保住了性命，但命运之神却无情地继续捉弄这个不幸的女孩，创面溃烂，不好愈合，只得一次又一次地截肢，前后住了6年医院，做了8次截肢手术，直到将右臂截到肩部，左臂关节截到只剩下一小段残肢时，创面才算完全愈合。

一个人失去双手意味着什么？玉双的父母哪敢去往深里想，只想保住了孩子的性命，已是不幸中的万幸；而懵懵懂懂的玉双还不知她所面临的将是怎样漫长不幸的人生，只是呆呆地看着别的小朋友用小手"啪啪"地摔泥巴，用小手将毽子扔上去一下一下地踢，玩得那么开心、惬意，而自己却不能参与。她跑回家去哭着问妈妈，别人都有两只手，为啥我连一只也没有？母亲无言，只是紧紧抱住女儿，任泪水一滴滴落在小玉双仰起的脸上……渐渐地，小玉双从母亲那悲苦的眼神里读懂了什么，她不再哭闹，开始用脚、用嘴、用上天为她留下的那一段残肢代替手的动作，向小朋友们学习各种游戏。她弯下腰，用嘴衔住毽子，往上一甩，毽子就飞了起来，她的脚一下就接住了……小朋友们看惯了，也没人笑她，小玉双融入了他们的行列。这是她童年最大的欢乐。

然而，童年这种不幸中的欢乐仍然是那么短暂。7岁那一年冬天，她的父亲不幸因煤气中毒而死。母亲那年36岁，为了6个未成年的孩子，她放弃了一切属于自己的欢乐和幸福，像一头负重的牛，拼命地工作，每日凌晨3时就起床去扫大街。白天忙一天，晚上还要熬到大半夜，用她每月36元的工资养活一家7口。眼看着母亲一天天消瘦下去，懂事的小玉双开始偷着帮妈妈干家务，用嘴咬着东西练习传递，用那一段残肢练习收拾房间，用脚趾夹住扫帚练习扫地……母亲发现后，眼泪一下子涌了出来，说："妈妈就是累死，也不忍心看你这样干活呀！"

顽强的她不愿靠人养活，选择了一条坎坷的人生之路

玉双少年时，眼看着同龄的小朋友都背上了书包，她也向妈妈哭着要求上学。妈说，你没有手，咋写字呀？玉双怎么也不依。妈妈只好领着她一次次到学校求情，说尽了好话，人家还是不收。玉双哭，母亲也哭。母亲哭着哭着就给人家跪下了，母女俩的诚心终于感动了校领导。

上学是她求知的开始，也是她体验苦难人生的开始。听课、记生字、背课文，玉双样样都行。可一到写作业，她就犯了难。眼看着别人写字，自己就暗自落泪。有一次，她发现妹妹嘴里咬着钢笔在思考问题，她大受启发，尝试着用牙咬着钢笔练习写字。开始时，一咬住笔杆，口水就顺着笔杆往下流，将作业本都洇湿了。经过不断地练习，她终于能用嘴咬着笔写字了，但写一会儿就头晕恶心，因为写字时头和上身都得随着笔晃动，别人用10分钟写完的字，她得半个小时甚至更长时间，尤其是稍不留神，笔杆还会戳破喉咙。上初一时学画圆，老师说不用她画，只做题就行了，倔强的她不吭声，只是做，结果弄得满嘴流血。老师也掉泪了，说，玉双你干吗这样折磨自己呢！

自从学会了用嘴写字，她才渐渐体会到人生的一点点乐趣，从而增强了自信。她从母亲的身上，看到了一个女孩子的未来，就更加体谅母亲的艰难。她背着妈妈脱光鞋袜，用脚练习穿针引线，缝

衣缀扣，做被褥，尤其是学会了连一般女人都难以学会的刺绣，学会了一个女人生存的全套技能。对于一个正常的女孩，这也许算不了什么，但对于一个没有双手的残疾人来说，该是怎样的艰难啊！

1982年，薛玉双高中毕业了，她渴望走向社会，渴望找到自己的一片天地。

母亲理解女儿的心思，到处求亲靠友给她找工作。亲戚朋友连自己的子女都安排不了，又怎么能管了她这个残疾姑娘呢！

一年多过去了，玉双的工作仍毫无着落，每每见到昔日的同学上班从她家门前走过，她心里就感到自卑。

一次残疾人登记，为她的人生带来了转机。街道办事处看她字写得好，安排她在办事处当了文书。她写通知、抄写文件，字迹总是工工整整；为了节省时间，她又学会了用左残肢扣击字键打字，用脚推油墨滚子，"无臂文书"的美名传遍了古城安阳的大街小巷。

那年腊月，邻居求她书写春联，她买来字帖，临帖练字，对书法艺术的追求便从此起步。古城的腊月，是一年里最冷的季节，为了书写春联，她光脚穿一双拖鞋，脚上的皮肤冻得青一块，紫一块。但是，对于从小就不甘心做一个废人的玉双来说，能为别人服务是她最大的幸福，相形之下冻脚的痛苦算得了什么？

1984年10月，全国首届书法笔会在安阳召开，中外书法名家荟萃，玉双幸运地被邀请参加。她的书法作品《奋斗》《希望》及李白诗《早发白帝城》在笔会上展出。更让玉双激动的是，她在这次笔

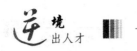

会上结识了旅日侨胞、诗人、甲骨学者，日本东京都春秋学会会长欧阳可亮教授。这是一位宽厚仁慈的长者、他在看丁玉双的书法作品之后，向玉双提出想收她做养女的愿望，好让玉双继承他"甲骨文还乡"的事业。从小失去父爱的玉双，一时间热泪盈盈。从此，她的履历表上多了一个名字——欧阳玉双。欧阳先生回东京后，给玉双寄来了用甲骨文书写的条幅，并赋诗一首："有女如玉，天下无双；幼年受伤，犹能自强。"他给玉双寄来有关甲骨文和书法方面的书籍，并多次来信，让玉双去日本留学深造，学习甲骨文。后来，玉双在姐姐的陪同下去了一趟日本，但母亲怎么也放心不下自己无臂的女儿，女儿也不忍心离开辛辛苦苦养大自己的母亲，最终玉双还是回来了。

与欧阳老人的这段亲情，让玉双终生难忘。认识欧阳老人，使她的精神得到了一次升华。如果说母亲是生她养她的大地，欧阳老人就是滋养她心灵的阳光。从此她更加执着于书法艺术，更加热爱自己的祖国。她先后在北京故宫、深圳、广州等地举办了个人书展。在北京展出期间，她的一幅书法作品标价3000元人民币。一位来北京旅游的美国青年得知这幅书法是出自一位残疾姑娘之手时，非常钦佩，当即要花两倍的钱买她的作品。那一刻，玉双突然感到做为一个中国人的自豪，竟然一分钱都没收，将这幅作品赠给了这位美国青年。这件小事更加激励她在书法艺术的道路上努力进取，1986年，玉双被吸收为中国书法家协会会员，从此，她的书法作品一次次在全国书法大赛中获奖，并被外地大学收藏。

一个无臂的残疾姑娘，做出了许多正常人都难以做到的成绩，她的成长引起了全社会的关注。几年来，她先后获得安阳市优秀残疾人、"三八"红旗手、全省新长征突击手等荣誉称号。1988年，在全国残疾人联谊会上，她作为河南省唯一的代表受到国家领导人接见；她的事迹被中央电视台、河南电视台、北京新星电影制片厂等新闻单位拍成专题新闻播放；《中国青年报》《中国妇女报》等全国许多报刊报道过她的事迹；1984年以来，她被邀请到北京、上海、沈阳、大连等地巡回演讲……她传奇的经历和感人的事迹传遍了神州大地。

失去双手，难道就要失去一个女人的全部幸福吗

断臂的维纳斯是罗马神话中爱与美的女神，玉双也被我国许多作家、艺术家誉为"东方维纳斯"和"神州女神"，她的美曾令多少小伙子倾倒……

玉双是个唯美主义者，凡事追求完美，她身上的衣服从来都是洁净的，她自己的房间从来都是纤尘不染。她爱美，爱那种素雅洁净的纯美，她的脸不抹粉自白，她的唇不抹口红自艳，她那双湖水般澄澈的凤眼，更让人神往……

1984年，玉双在社会上成名之后，随之也收到了从天南海北寄来的一封封情书。

　　终于，1988年的金秋时节，一位年轻的警官从南方来到了安阳古城。这个英俊的小伙子是因给玉双写了求爱信后久久得不到回音，情急之中便亲自登门了。

　　那是个非常美丽的秋日黄昏，英俊的警官在玉双的家门外徘徊了两个多小时。毕竟是第一次，小伙子还有些羞涩，不敢贸然敲门，他想等到玉双出门时再找机会见面。这一刻终于盼来了，玉双送两位客人出门，小伙子终于见到了仰慕已久的姑娘；又是激动，又是惊喜，几句试探性的询问，心中那根爱的琴弦便被对方轻轻地拨动了……

　　3天后，警官再次来到安阳，临别时塞给玉双一封信，请玉双等他走了再看。小伙子害怕遭到玉双的拒绝，只好采取了这种方式。原来，小伙子就住在玉双家对面的旅馆里，随时等着玉双。小伙子不仅英俊潇洒，而且朴实憨厚，正是玉双理想中的白马王子。玉双压抑着自己不去想他，但又那么渴望见到他。那些天里，玉双魂不守舍，满心满眼都是小伙子的音容笑貌，这种幸福伴随着痛苦的矛盾心情持续了9天9夜，直到第10天晚上，玉双终于鼓起勇气走进对面那家旅馆。经过长谈，两人都觉得相见恨晚。这一次相见之后，小伙子几乎每隔一天就写来一封感情炽热的长信，坚决要做玉双的左膀右臂。小伙子还在一封信中告诉了玉双自己了解她的经过：小伙子全家在一块儿看电视，恰好"纪录电影之窗"播放了玉双的事迹，小伙子的母亲说："你看这闺女多好，真有本事，你们啥时候能像人家那样，也就算给父母争气了。"一个月后，玉双应邀去了小伙子家里，那个曾经赞美过玉双的母亲真地见到她时，居然板起面孔对她说："你们俩的事我知道了，再发展下去我们是不会同意的。"本来就敏感脆弱的玉双一听此话，忍不住泪流满面，当即就离开他家，带着一颗冰冷破碎的心冒雪返回安阳。

回到家的第二天，小伙子就又专程赶来了。他带着满面愧色，不肯进玉双家的门，好像做错的不是他母亲，而是他自己。经玉双的母亲再三邀请，小伙子才迈进门坎。从此小伙子就经常到安阳来，一到家就做饭、洗衣，抢着干一切家务。他常常将玉双的衣服洗好、熨平，还让玉双检查过不过关。那份情真意切的爱，令玉双回味不已。他说，要为玉双省下时间来，让玉双练习书法……那种温情，令玉双终生不能忘怀。

那段日子是玉双最值得回忆的日子，也是玉双人生旅途中最美好的春天。到了腊月，小伙子不得不回父母那里去过春节，他和玉双约定春节后再见面。玉双每天都在翘首期盼小伙子回来，春节过去了，元宵节很快来临，却总也见不到小伙子的人影。正纳闷时，小伙子的母亲意外地出现了。玉双的第一个念头是，他真行，到底感动了母亲。万万没想到，小伙子的母亲给她带来了最坏的消息；小伙子在不久前执行任务时因公殉职了。死神残酷地夺走了他年轻的生命，也夺走了玉双第一次刻骨铭心的爱情！

一转眼，小伙子离开玉双已经整整10年了，10年中，玉双无时

不在怀念他们那不幸的爱情。10年来，又有多少英俊的小伙子追求她，却都因方方面面的阻力而最终成为泡影。

苦闷的日子里，从不会喝酒的玉双有一天买了一瓶白酒回家，关上房门喝起闷酒来，她一边喝一边流泪，10多年前的一幕重又涌上心头。那是1984年春天的一个傍晚，她在北关区政协开完会回家，天突然下起了大雨，有两个打伞的男青年从她身边经过时，回过头来打量她，其中一个说，人倒怪漂亮，只是没胳膊，我要是像她下雨天连伞都不能打，还不如死了呢！毫无人性的一句冷言，直戳她人生不幸的深处，那一刻她不顾一切地跑回家，掂起一瓶来苏水就喝了下去，幸亏被妈妈发现后送往医院抢救，才幸免一死。现在想想，10多年过去了，还是孤零零的像一叶浮萍没有着落，她忍不住心里发酸。失去了双手，一个女人的全部幸福也都将离她而去吗？这样的人生活着还有什么意义呢？喝到最后，她的精神彻底崩溃了，抓起一把安眠药就喝了下去……

还是母亲，生她、养她、疼她、爱她的母亲发现她没过去吃晚饭，过来叫她时发现情况异常，又一次救了她。

第二天醒来，见满头华发的母亲坐在身边，老泪纵横地看着她，玉双突然感到特别地羞愧。她感到自己太脆弱了，单单为了含辛茹苦养育她的母亲，她也不能去死，何况还有令她迷恋的事业，还有那么多曾给她温暖与爱的朋友。

她如明月，在得到太阳温暖的同时又把温暖送给寒冷的人

玉双是不幸的，但又是有幸的。社会给了她许多常人也未必能得到的温暖和关怀……

前些年，玉双所在的街道办事处有困难，她又重新面临择业的苦恼。安阳市政府协同有关部门好不容易将玉双安排到市脉管炎医院，让她做档案管理工作，同时兼做心理护理，为医院里那些想寻死觅活的截肢病人做思想工作。

这些年，安阳市的领导以及市残联等部门给予了她许多无微不至的关怀，大到工作、住房，小到她的婚姻。在人生的旅途上，玉双总是遇到好人，总能感受到别人向她投过来的温暖目光。她由衷地感激社会，感激那些帮助过她，给她哪怕一缕阳光的人。她也尽自己的全部心力回报社会，帮助那些像她一样需要帮助的人。她曾为安排十几位残疾人的工作问题东奔西走，有时忙得整天顾不上吃一顿饭，喝一口水，晚上一回到家，整个人就像瘫了一样；平时坐公共汽车，一看到有些抱孩子的父母或老人上车，她总是把自己的座位让给他们。有一次，她给一位抱小孩的男同志让座后，突然一个急刹车，因为没有手，她无法抓住任何东西，重重地摔了个嘴啃地，疼得她好久爬不起来，抱小孩的男同志这才看清她没有双手，连声对玉双说对不住，我没有看清你是这样，不然，我无论如何也不会坐下。又急忙给玉双让座。那一刻，玉双流泪了，男同志诚恳

的道歉抚慰了她那颗摔疼的心。她想，人与人之间多么需要温暖和理解啊！

前些年，她从报纸、电视中看到许多贫困地区的孩子失学，她就情不自禁地想起自己的童年，想起当初渴望上学而被拒之门外的情景，她的心被深深地触动了。这些聪明健全的孩子，只是因为贫困就无法上学，她多想帮帮他们啊！这两年，她从微薄的薪水中先后几次共拿出2800元资助了7名面临失学的孩子，这7名孩子全都是孤儿，学习成绩都特别好。在接受玉双捐赠的仪式中，孩子们将鲜红的红领巾系在玉双的脖子上，向玉双哭着表示，一定要好好学习，不辜负阿姨的一片苦心，等以后学成本领一定好好报答阿姨。触景生情，玉双不由得泪湿青衫。

命运是残酷的，又是仁慈的。它让玉双在一次次体验痛苦和不幸人生的同时，又一次次体味到人生的幸运和美好。

每每在面对玉双那湖水般清澈的秀目时，我总是忍不住这样想：假若她没有失去双手，她还会有今天在书法艺术上的成就吗？她还会像今天这么痴情地热爱人生，苦苦追求吗？

也许，正是因为这残缺，才造就了玉双坚韧不拔的毅力和最终在书法艺术上取得的辉煌，尽管这是残酷的。当一个碌碌无为的健全人，面对玉双的辉煌时，他会感到怎样的震颤，怎样的汗颜……

玉双现在仍在离家3公里之外的安阳市脉管炎医院工作，因为没有手，她依然每天徒步去上班，为了不给别人添麻烦，再热的天她也没戴过草帽，一年四季再大的风雨她也没穿过雨衣。在她独自前行的道路上，我们多么希望，能有一双温暖的手为她撑起一把雨伞，撑起一片温馨的天空，与她共同携手走完今后的人生。

（刘文凤）

坚持住你的梦想

　　受父亲影响，我自幼喜欢文学，尤其是当我的文章由中学墙报逐渐"升格"到地区级报刊时，那个充满迷人光环的作家梦，更是让我如痴如醉。想不到的是，连续三年，因其他几门功课拉分，我与望眼欲穿的中文系每次都失之交臂。

　　尽管父母亲强作笑脸，没说一句抱怨的话，但我已从他们的脸上读出了辛酸和无奈，无论如何，这个本来就十分拮据的家，已再无能力供我深造了。然而，走出校门想找份较轻松点的工作，也非易事。万般无奈之时，我只好到货场做一名搬运工人。

　　这活儿不是一般的累。200多斤的货物，全都要背驮肩扛，装车皮的时间限制特严，其繁忙紧张就和抢险救灾差不多。刚干第一天，我就累趴下了。经过两个多月磨炼，体能上勉强可以支撑了，可如此没规律的生活，有空除了呼呼大睡外，脑子里成了一片空白，再也搁不得别的事儿。

　　又这样过了大半年，我已完全适应并不自觉地形成了一套装卸工人特有的生活模式：憋足了劲突击装货，胡吃海喝而后沉睡不醒，偶尔有空加班增加收入，闲来抽烟喝酒打牌开些粗俗玩笑。日子过得浑浑噩噩却又稀里糊涂浑然不觉。

直到有一天，母亲表情复杂地指着墙角那些文学书籍说："要是用不着就卖给废品站吧，摆在那儿多占地方呀！"这话一下子刺痛了我，默然起身抚摸这些来之不易、藏有许多辛酸故事的心爱之物，我竟禁不住百感交集，热泪潸然而下："梦呵，我曾经心驰神往的梦，粗粝沉重的生活使我淡忘了你，你将真的离我远去吗？"

曾听工友讲过人参娃娃的故事，说人参娃娃是有灵性的，明明是把它从林子里刨出来，锁进铁匣子里，却能不翼而飞，逃得无影无踪。不过，它也有一怕：只要用细细的红丝带轻轻一系，就再也跑不掉了。

当时我就想，倘真有一根可以系住梦想的红丝带有多好啊！但我也更清楚，现实不是传说。想得到任何东西，都必须靠自己去努力，去争取，天上永远不会自动往下掉馅饼。

人往往都是这样的，对某一件事，可以找出一千条理由拒绝，也可以找出一千条理由去做。也就是从那天开始，我真正地清醒了，遗弃已久的作家梦被我重新拣起，那些尘封零落的书刊，也在一夜之间整整齐齐码在书架案头。

这无疑是一条忙上加忙苦中添苦的向上之路，我不得不为自己订下一个个硬指标，其中之一便是：平均每日至少学习或写作两到三小时，雷打不动。由于人一过度劳累记忆力就差，我就像古代学子那样用锥子扎自己，以使大脑激灵起来。我还在自己小屋写下"挤，总会有的"与"挺住意味着一切"的条幅勉励自己。在那些日子里，我时常走着走着就打起盹来，多少次伏案而睡，多少次倒地而眠，连自己也数不清了。母亲望着我瘦了一大圈的脸庞，心疼得直抹眼泪，劝我莫再用身上肉换字儿了。可我是绝对不能再停下来啊，梦想的大厦，也只能这样一砂一石一砖一瓦地积聚起来堆砌上去！

与此同时，我开始注意用"作家"的眼光认真地审视生活，几个月下来，居然分析梳理了十余位近在身旁活灵活现的人物。不用说，这将是来日文学创作弥足珍贵的一笔财富。

这一明显变化，是瞒不过大伙的，他们有的"冷嘲"，有的"热讽"，我因之常常被拒于"圈子"之外。初时，我颇觉不安，他们则真假参半地说："学你的去吧，将来发达了别忘了这帮老粗就行，反正我们就这德性了，哪能和你这喝墨水的穷掺和呀！"但另一方面，凡是累点的活儿，他们都有意多干一些。难忘1996年盛夏一个大中午，我躲在背人处写一篇人物特写，由于精力过分集中，写完后才发现，上货时间已超过两个小时了。我愧疚不已，当场表示愿意两倍认罚，班头和大伙儿则一脸无所谓，说只要真能在报刊上露露脸儿，就算为大伙儿争光了，证明咱这帮流大汗的里面也有才子哩！

说来还真争气，数月后，这篇反映打工生活的文章，在东北一家著名杂志上发表了。我心里高兴，想拿出全部稿酬犒劳大家一番，大伙不依，说那也是来之不易的血汗钱，临了还执意要我多休息半天以示鼓励。记得当时，我特激动，也特感动，为工友们的真诚无私，更为普通劳动者对于知识和"人才"的由衷敬重。

之后没几天，我扛最后一包货物上车时，重重地踩在倒竖有许多钢钉的箱板上，把整个脚掌都扎透了，经医生消毒包扎后，只得老老实实在家呆着。对一般人而言，这段时间，很可能是生活的一段空白，但对于我，除了为少两个月收入有点心疼外，则无异于逮着个难得的"创作假"。

疼痛难忍之时，我就拼命抄稿，疼劲儿一过，我则继续构思文章。呻吟、冥想与走笔行文的沙沙声，构成了那时特有的生活景观。60余天里，我共写出40余篇文章，计8万多字，可以说，生活的许多感悟与人生的许多沉淀大多都被我变成了一行行结实的文字。虽说不一定能登上大报大刊，但对于我却是一枚分量不轻的砝码，一级分水岭式的台阶，至少它是一个证明，标志着我生活进程中另一个崭新的开始。

今年春节刚过，就收到两张大红请帖，两家报社均要我任他们的文学副刊编辑兼记者。虽然我至今仍说不好自己离一个真正作家的标准还有多远，但我已实实在在走在了这条路上则是勿庸置疑的，那些通往理想之宫让人着迷让人心跳的"路碑"，将会被我一枚枚地数下去，系着作家梦想的"红丝带"，也将在我手中越捻越有劲道，越系越具诗意。

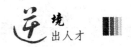

　　回首初入社会时的茫然，我发现神奇的"红丝带"，原本就在我们每个人的生命深处——这就是置身困境面对厄运时，对于梦想的那份"坚持"，如同石缝中的种子，只要顽强生长抗争不息，再硬的磐石，都将被它柔韧的根须撑裂成臣服的"花瓣"。

（路　燕）

在困境中踏出成功

人生道路不可能一帆风顺，有时会遇到挫折、坎坷，甚至陷入困境，使原本很美好的理想化作泡影。每当这时，人们自觉不自觉地要做出抉择。从实际情况看，无非有两种情形：一是悲观沉沦，怨天尤人，不思进取，听天由命；二是迎接挑战，与命运抗争，突破困境，有所作为。很显然，后者是一切有志者的选择。

华中师大年轻的教授李宇明在困境中获得成功就是这样的例证。11年前当他刚结婚时，妻子因患风湿性关节炎卧床不起，生下女儿之后，妻子的病情又加重。他的事业刚刚起步，就遇到如此困境。他要照顾病人，又要照顾女儿，还想在事业上有所作为，在常人看来，几乎是不可能的事情！可是他做到了。他没有被困难压倒，他一方面担起家务琐事，每天买菜、做饭，给妻子洗脸、洗手、洗脚、剪指甲，照料女儿的衣食杂事。同时，他正视现实，不断思考，探索在困境中可能的研究方向和课题，当他发现当时国内对幼儿语言发展研究还是空白的时候，他就以此为突破口，把自己的研究方向定在儿童语言的研究上。刚出世的女儿成了最好的研究对象，在病床上的妻子成了他最佳的合作伙伴，从此开始了漫长艰辛的攻关过程。他在家里到处放上小纸片和铅笔头，只要女儿一发音，就像下了圣旨，他们立刻做下最原始的记载，同时坚持每周一次用录音机录下女儿发出的用文字难以描摹的声音……就这样坚持了6年半，到女儿上学时，他和妻子创下了一项世界纪录：掌握了从女儿出生到6岁半之间几百万字的儿童语文发展的原始资料，而国外专家的此项纪录最长只到3岁。凭着这些研究资料，1991年他主持的《汉族儿童问句系统习得探微》一书出版，在国内外语言界引起了震动，他和妻子合著的《父母语言艺术》出版，他主编的《聋儿语言康复教程》获一项全国图书奖，《儿童语文发展》又将问世。他硬是在困境中踏出了一条成功之路。他的经历和成功对于不幸陷入困境的人们来说，无疑提供了有益的启示。

其一，要懂得困境是不幸，也是机遇

任何事物总有两面性，困境也不例外。困境带给人们的首先是不幸，但同时也把人们带到了一个在正常情况下难以接触的新领域，这对于有心人来说，可能是一次磨炼意志、施展才华的机会。试想，在一般情况下，叫一个青年人守在家中，面对幼儿进行长期语言现象的观察纪录，这几乎可以说是难以做到的事情。但是，当命运把他无情地推到困境之中，同时也把这片尚无人耕耘的学术田野展现在他的面前。这对一个有进取心的青年人来说不正是一次难得机遇吗？当然，困境带来的机遇绝不是现成的，它不过是一种可能性，要想发现它，抓住它，利用它，首先需要人们对困境有正确认识和积极态度。成功者与沉沦者的差异就在于此。沉沦者仅仅把困境看成不幸，于是他们不可避免地要抱怨命运不公平，消极沉沦，一蹶不振，在牢骚中度日，在长叹中把时光白白地流失，到头来一事无成；而成功者则以积极的心态看待困境，不仅把它看成不幸，同时还当成机会，努力适应环境，力求有所发现，有所成就。可见，对待困境的态度是能否成功的前提。

其二，要从现实情况出发，选准突破方向

李宇明的成功还告诉我们，要想在困境中有所成就，必须从实际出发，分析现实条件，选准突破口。他的研究课题的确定就是从自己被困家务中不能脱身的现实出发的，由于主观与客观相一致，困境就为他跟踪观察研究对象提供了必不可少的有利条件。这样一来，被动变成了主动，不利变成了有利。这就是说，在困境中追求事业的成功不能一厢情愿，必须在客观条件所允许的范围内选择方向，并利用困境提供的一切有利条件，把自己的主观追求与客观条件统一起来，成功的可能性才能变成现实性。对于有心人来说，只要在困境中能选对突破口，那段艰苦的生活经历也就为自己搭起了走向成功的阶梯。

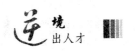

其三，要持之以恒，有非凡的毅力和韧性

大凡困境，带给人们的痛苦往往是常人难以忍受的，尤其当这种境遇在短时间又难以解脱的情况下，当事人要想获得成功，仅仅选准了努力方向还是远远不够的。他们必须矢志不移，做好长期吃苦的准备，不屈不挠地坚持下去，才可能有所收获。李宇明困境中6年如一日，从不懈怠，坚韧不拔，实在是难能可贵的。从一定意义上说，他的成功是时间和毅力换来的。我们再看另一个事例，当代牧马人曲啸被错误地投进监狱，这对于一个青年人来说恐怕是最大的不幸，最大的逆境了。在心理失衡，精神压抑，肉体疲劳面前，如果没有非凡的毅力，无论如何是难以支撑的，更不要说进行研究和进取了。可是他有坚定的信念和追求。他想，我们国家没有研究罪犯心理学的，心理学家很少有可能和罪犯在一起生活，我有条件研究罪犯心理学，等我出狱时写几本这方面的书把它献给司法和教育部门。就这样，在长达十二年的铁窗生活中，他利用接触犯人的机会，长期坚持有意识地收集周围罪犯的大量的心理资料。他出狱不久，就完成了一部著作《青少年罪犯心理学》。这再一次说明，顽强的毅力是战胜困境，并有所创造的不可缺少的内在动力。

就人们的愿望而言，谁也不想陷入困境、逆境之中去，那毕竟是令人痛苦的。恒是，因为主客观原因，使你不得已陷入困境的时候，那我们就应该学学李宇明，学学曲啸，不妨把困境当成一种机遇，学会适应环境，利用环境，变坏事为好事，在磨难中闯出一条成功之路来。

（高永华）

世态炎凉话人生

身为中学教师的我，却让生活给我上了一堂难忘的课。

七年前，我历经劫难，债台高筑，早已不堪身心的重负。正走投无路，我又身染沉疴，遍身无名肿毒此起彼伏，把我折磨得形容枯槁，精疲力尽。我背负沉重的债务，忍着钻心的病痛，一边求人告贷，一边照顾妻子儿女（他们也三天两头发病），那滋味儿，至今回忆起来，仍不免打几个寒战。

水到滩上急，人到急时难。急难中的酸咸苦辣，一件一件刻骨铭心。对于当时慷慨解囊，帮我险渡危难的亲友，我终生铭记，永远珍惜这份感情。而我在困境中遭遇的羞辱，也同样令人难以忘怀，时时记忆犹新。

那一年，年关临近，天很冷。我身无分文，眼看别人疯了一般地购买年货，我心里酸酸的，觉得愧对妻子和儿女。到了腊月二十八，家里木炭烧完了，天还在下雪。一家人好不容易忍耐了一个白天。晚上，我硬着头皮去敲一个村信用站业务员的门。这业务员是我的学生，我以为，凭着一层师生关系，他不会让我失望。

门敲开了。我的门生把我堵在门口，问我要干什么。我吞吞吐吐说明来意，他沉吟良久，才侧开身子，放我进屋。门生没有给我让座，也没有跟我寒暄，他的冷漠让我有些尴尬。我努力地回忆着他在学校的一切。在我的记忆中，他表现平常，我根本没有做过伤过他自尊心之类的事，我对他的冷若冰霜百思不解。事隔多年后我才清楚，这门生对任何有求于他的人都一个态度。世间竟有这等门生，真令天下为师者汗颜。

门生只数给我30块钱。我当时提出的要求是借100块。他见我迟疑着不接，便把钱放在桌上，像是自言自语，又像是教训我说："要懂些规矩，晚上不办业务。"说完，他便起身去看电视。

我艰难地咽下一口唾沫，拿起30块钱，忍气吞声走出了门生的屋子。

第二天赶集，我买了一担木炭，又买了几包食盐，30块钱所剩无几。大年三十晚上，我们一家四口除了茶水，什么也没有吃。妻抱着儿子，我抱着女儿，隔一盆通红的炭火，面对面坐着，默默无言捱到天亮。

——这是农历辛未年的除夕。

也许，那位门生并非有意要轻慢我，但我当时很伤心。他这种不近人情的态度，至少在我当时已经冰凉的心田里又泼了一瓢冷水，以至于我现在还能感觉到那个除夕之夜的凄凉。这件事对我刺激很大，我一直把它当作一面镜子，用以检查自己的言行。我害怕由于一时的疏忽，伤了别人的感情。我想，这也是每一个善良的人都应该注意的问题。

另一件小事，本来不值一提，但生活中往往有这样一种人，你与他早晚见面，朝夕相处，相互都很熟悉，你也从未得罪过他。就因为你穷，他便瞧不起你，连与你发生正当的人际交往他都厌恶。他有求于你时，他又给你拍肩膀，称兄弟，赔笑脸。这种卑微的人格，既令人畏惧，也叫人鄙夷。这样的人，我曾遇到过不少。我这里举一例，不外乎两层意思：一是提醒势利眼一族，不妨把眼光放长远些，心地放善良些，这样于人于己都有好处；二是让困难中的朋友知道；如果你遇到类似的境况，心胸应该开阔一些，这也许是困境中必修的一课，要不然，你的困境便不成其为困境。

妻在村小学教学前班，我们的家就住在村小。那一天下午，有位老乡请我写对联，我家里当时没有毛笔和墨汁，我就为他去村小管财务的老师那里借。当时，我明明看见这位老师身后的木架上放着毛笔和墨汁，他却说："完全没有。"语气之干脆，不容我多开口。我只得告辞，一再向老乡道歉。老乡没走，另一位老师（是位比较富裕的）的堂弟来村里收购野生药材，到学校请堂兄写几张广告张贴。这位老师是教数学的，编制跟我一样在中学，他也是随妻安家。他不会写毛笔字，也来请我。我如实说："没有笔墨。"他说："财务室有的是！"我说："借不到。"他说："不可能。"

这位老师住在财务室楼下。他叫了一声，楼上便应了，不但说有笔墨，还问要不要纸？要几张？红的还是白的？

少许，管财务的老师送笔墨下来，见了我，也无尴尬之色。人与人相比，竟有这许多的不同！他不惭愧，我倒先红起脸来。

因为贫穷，在少数人面前，我失去了做人的起码尊严。平心而论，许多时候我也感到自卑。然而，我从没有自弃。平时，我努力避免与人接触，以免徒增烦恼。我把自己所有的业余时间都投入深沉的思考与努力的读书之中。几年困境，我却也受益匪浅。

手中无钱，我买不起书；怕受白眼，我不敢借书。在无穷的孤独和寂寞之中，我选择了抄书来打发贫寒难耐的时光。多少个寂静的夜晚，我与自己仅有的几册藏书为伴。斗室孤灯，我埋头于稿纸，忘记了穷苦，也忘记了病痛。几年功夫，我抄完了《红楼梦》《古文观止》《西厢记》《唐宋词解释》《孙子兵法》、新版《毛泽东选集》1—4卷。我抄书不为创什么吉尼斯纪录，我仅仅是在困境中寻求精神寄托。一边抄读，一边思考。时间一久，我把思考所得写成文字，投给报刊，大多数居然能够发表。这倒成了我意外的收获。

如今，我不时翻弄着几乎等身的手稿（包括抄写的书稿），有如产妇抚摸着自己呱呱坠地的婴儿，心中满是欣慰。那种多年来隐藏在内心深处的自卑感，早已荡然无存。惊回首，我竟不知从哪一天开始，再也没有遇到冷漠和白眼了！

我好像已经走出了困境。

但是，我仍然心有余悸。

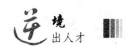

　　现在，我虽能怀揣一张正儿八经的采访证，不时成为许多领导干部的座上客，也常被邀请列席参加一些地方政府的重大会议，但我却时时有一种如临深渊、如履薄冰的危机感。多少张先前冰冷的脸，一下子变得热乎起来。面对一张张表情易变的脸孔，我总保持一种警惕。我害怕有朝一日它们又换了表情，再给我一百个难堪。

　　我非常同情身处困境的人们，我完全理解他们的苦衷。现在，不管谁来求我，我一定尽力而为。村小那位管财务的老师，他的胞兄因患绝症去世。我是他侄儿的班主任，两年来，这位老师每学期都求我为他侄儿担保学费，我每次都满口答应，并及时垫付。我没有计较他曾经对我的不恭，他也似乎早忘记了自己曾经轻视过我。我们相处融洽，他还不时向人介绍我俩是多年的好朋友。

　　我现在还坚持抄书，这于我已成为一种享受。我对抄书情有独钟，因为这项活动曾伴我走过一段困境人生。其实，人情也是一本书，是一本很难读懂的无字之书。不管是得志者或落魄人，都值得一读。

　　我希望人们能给陷入困境者多寄予同情和鼓励，我更希望困境中的朋友能够自强不息。

（奉石云）

助妹求学，残疾哥哥情深似海

1985 年 11 月 17 日，四川省资阳市碑记镇丹桂村年仅 21 岁的刘文林被汽车撞伤后，灾难又接二连三地降临到他的头上：父亲和姐姐相继病死，茅屋被雨淋垮，母亲心脏病未愈又患上白内障，多次寻机自杀，未婚妻也弃他而去……

然而，即使是这样的苦难，也不能阻挡刘文林助妹求学的脚步。

妹妹读书　哥挑重担

1985 年 9 月，刘文林 16 岁的妹妹从山旮旯里一举中榜，考上了资阳市重点高中。这在穷得出奇的山窝里，顿时成了一条爆炸性新闻。刘家人沉醉在欢喜之中，远近亲朋也纷纷带上酒肉前来庆贺。人们都明白，考入久负盛名的资阳重点高中，就等于跨进了大学的校门。

岂料天有不测风云，11 月 17 日下午，刘文林在给妹妹送口粮从资阳回家途中，被仁寿县的一辆"解放"牌大货车撞倒了。当他醒来时，发现左腿已失去了知觉。

但在刘文林看来，这是"因祸得福"——车主赔偿了一笔数目可观的钱，这笔钱正好用来填补妹妹念高中造成的亏空。他将自己流血的伤腿忘到了脑后。

刘父积劳成疾，患重感冒染上了肺炎，不久又转为肺心病，家庭的重担一下子全落在了刘文林的肩上。一头是病情日益加重的父亲，一头是刻苦求学的妹妹，他左一趟医院，右一趟学校，来回奔忙着，却从不肯为自己的伤腿花上一分钱。就这样，经过多次反复，他的伤腿种下了12年脓血不止的祸根。母亲见他累得实在可怜，就想叫他妹妹辍学回家，刘文林一听急了，他说："这穷山沟里破天荒地出了一个高中生，怎么也不能让她半途而废呀！"

刘文林拖着残腿，没日没夜地用一只脚蹬着破自行车贩卖板鸭，挣钱供妹妹上学。母亲可怜儿子，跟他商量说："女孩儿终究是人家的人，我和你爸这辈子靠的是你，你要是累出个三长两短的可怎么办呀？前村有个万元户，看上你妹妹知书识理，昨天托人来提亲……"母亲一把鼻涕一把泪地接着说，"这样，对你妹对你爸都好，你也有出路了。"刘文林反驳道："我们眼光要放远一点，妹妹要是考上了大学，对你、对爸、对我们大家好处大着呢！我说话要算话，我不能对不起妹妹！"

父亲吃资阳市第一人民医院中西医科巫建文主任的药有效，刘文林每7天就得去一趟资阳。每次买药的钱都是紧巴巴的，他从不敢贪舒服花钱坐车。从家到资阳有20公里山路，他全凭双腿步行来回，风雨无阻，翻山越岭，步步是血。饿了，就啃几口窝窝头，累了也不敢休息。一次，父亲病危，他不得不花两元钱坐车去资阳取药。眼巴巴看着两元钱省不下来，刘文林哭了："这两块钱给妹妹吃一顿饭，该多好啊！"

刘文林拼命奔忙，省吃俭用，经济还是无法好转。父亲的病说犯就犯，每犯一次就加重一次，能借到钱的人都借过了，但还是凑不够一剂药钱。终于，父亲含恨离开了人世。刘文林强忍悲痛，悄悄处理了后事，生怕惊动了妹妹，影响她读书。

屋漏偏逢连阴雨。这年冬天，刘家老屋年久失修，眼看就要倒塌。刘文林从地里锯来一棵碗口粗的柏树，把土墙顶住，维持了一个多月。然而，一场冬雨淋穿茅草，打湿土墙，刘家赖以存身的茅屋终于在一声巨响之中轰然倒塌，冲起的尘埃伴随着呼救声、哭喊声直冲云霄。所幸，没有人伤亡。祸不单行，房倒不久，刘文林的姐姐也倒下了，医生诊断是乳腺癌晚期。

父亲和姐姐相继去世，给刘文林留下了沉甸甸的一笔债，也给妹妹的前途蒙上了厚厚的一层阴影。

父姐噩耗　迟到四年

妹妹到资阳读高中还不到4个月，家里就连遭不幸。刘文林深知，这接二连三的惨事，任何一个都足以让妹妹的大学梦彻底破灭。

姐姐死后，母亲成天哭泣不止："文林呀，你还是去把你妹妹接回来吧。她念书的钱越用越多，家里能卖的都卖了，家都掏空了，你拿什么去填？你这样苦撑，日子怎么过下去？"母亲的话不无道理，刘文林十分清楚：如果让妹妹停学回家，自己的腿也许不会伤……想着想着，大滴大滴的泪水顺着他的脸颊淌下来，他挥舞双拳，使劲砸自己的头，并大声吼道："不读书，只会越来越蠢，越来越穷！我不但不能让妹妹停学，还要把这些事瞒住她。"这个在困难面前流血不流泪的硬汉，今天哭得那样伤心！

上高中的第一学期，妹妹一直没回过家，对家中发生的事一无所知。颇有心计的刘文林每次到学校，总是以种种理由搪塞妹妹的盘问。他劝妹妹不要回家，说："一来学习紧张，稍有不慎就要被别人落下；二来花钱坐车还不如吃顿饱饭；三来影响你的学习，又增添家里的负担。"但妹妹终于发现他的腿有些异常，经不住妹妹的强烈要求，他只好露出伤口，说出事情的真相。看着哥哥的伤口，妹妹的泪水夺眶而出。刘文林生怕妹妹继续盘根究底，牵出家里的一桩桩伤心事，便赶紧转变话题："这样好不？寒假你不要回家，我托人在城里找份临时工，你去干。我杀猪卖肉，咱俩一起挣钱，供我治伤，也供你读书。"

瞒过了妹妹，回到家，刘文林像一团剔了骨的肉，瘫倒在床上。这一瘫就是两天两夜，他自己也不知道是昏倒了还是真的睡着了。

来年开学，刘文林来到学校，妹妹见他满眼血丝，疲惫不堪，眼角过早地布满了鱼尾纹，心里十分难过。她反复问起家里的情况，哥哥告诉她："爸、妈和姐都好，只是挂念你的学习成绩。"

其实，此时父亲和姐姐早已不在人世了，只是刘文林不敢忘记父亲临终的嘱托：隐瞒消息，扶持妹妹。父死、姐亡、房倒、母病……此时，刘文林多想抱着妹妹痛痛快快地大哭一场！然而他不敢，他不能，他必须守口如瓶。他筑起的这道不透风的墙，不是一天两天，一年两年，而是整整四年！这需要多少勇气和坚强！

1989年9月，刘文林的妹妹以477分的成绩，被成都中医学院药学系录取了。刘文林将录取通知书放在妹妹面前，语调缓慢地说："在你要跨进大学校门之时，爸爸已经离你而去4年有余了。按他的遗愿，我没有把消息告诉你，请你谅解，爸爸走后，姐姐也去了。"

在父亲和姐姐的坟前，妹妹哭得死去活来："亲人啊，我是踩着你们用生命搭成的梯子在往上爬！"刘文林抹着眼泪劝她说："好妹妹，别哭了，你能考上大学，是我们全家的光荣。爸爸和姐姐的遗愿实现了，他们会瞑目的。"

拼命三郎　供妹读书

妹妹考上大学，刘文林的未婚妻发了愁，她哭丧着脸说："妹妹念高中已经害得家破人亡，再读4年大学得花多少钱，你供得起吗？文林，别犯傻。你看你大哥，这几年装疯卖傻，不闻不问，他日子过得多潇洒！咱们走吧，到沿海去，凭你吃苦耐劳，精明能干，一定能过上好日子。"刘文林耐着性子对她说："我觉得人帮人是一种

美德，更何况她是我的亲妹妹。她读大学，就等于我读大学，我就是做牛做马也要供出这个大学生！我看这比吃香的喝辣的舒服得多！"未婚妻生气了，说："这个家也该轮着你妹妹管一管了，凭什么要你一个人拼死拼活？要不是你这倔妹子拖累，咱们能缺吃少穿？这是你的家，你不走，我走！"

她真的走了。

离妹妹开学只有两天了，可近千元的学费、伙食费还没有着落。母亲不能说服儿子，只好向女儿哭诉："好女儿，认命算了，别做什么大学梦了。你看你哥哥，现在已经不成人样了，再这样下去，只能打一辈子光棍。你是女孩，找个好婆家照样过日子……"

听着母亲的哭诉，女儿坐不住了。她冲出茅屋，跑到塘边，面对深不可测的池水，她陷入了痛苦的沉思：为了这张录取通知书，全家人吃了多少苦，如今通知书终于到手了，母亲却一再阻拦。她阻拦得并非没有道理：钱从哪里来？但是就此半途而废，怎么对得起死去的亲人？怎么对得起哥哥？

母亲也绝望了，她把自己悬在了屋梁下……

恰在这时，刘文林回来了，他慌忙救下母亲，又找回了失魂落魄的妹妹。

风波暂时平息下来，可是到哪里筹这笔钱呢？在父亲遗像下的破罐里，放着刘文林累死累活挣来的200元钱，最大的面额不过10元，多数是沉甸甸的分币。母亲告诉女儿，这里面有一万多枚分币，你哥饿得头昏眼花，也舍不得去动一枚。

第二天下午，刘文林兴冲冲地回来了，一进门就嚷："妈，妹，别愁，看，我挣了1000元！"说着，他把一叠钞票放到了床边。

母亲和妹妹见状，吓得喘不过气来，忙问："这是哪里弄来的？"

她哪里知道，这是刘文林偷偷到医院卖了两次血换来的！

鲜血换来了救命钱。妹妹总算赶到成都中医学院报到注册。

刘文林就是这样，以自己残缺但坚韧无比的血肉之躯，为妹妹铺就了一条通向大学之门的成功之路。

百米冲刺　美梦成真

走进大学校园，妹妹才真正体会到哥哥为自己所付出的一切，更加心疼体谅哥哥。

在大学里，妹妹将哥哥寄来的钱一分钱掰作两半用。她每月的生活费平均不足18元，一些学习用具和资料费都在这可怜的18元钱里抠。四年中，她没买过一件新衣服，下雪天还穿着那双补了又补的旧塑料凉鞋。

每花一分钱，她眼前就浮现出哥哥一瘸一拐的身影。她经常一天只吃一顿饭，而且不敢多吃。这可疼坏了刘文林，他心想："妹妹要是营养不良，倒在课堂上，那可如何是好！"

为了多挣钱，刘文林不得不另寻路子。他跟村里身强力壮的男人一道去资阳火车站挑煤。60公斤的重担压在肩上，他的病腿几乎

站不起来，但他还是咬着牙，一步一步吃力地往前挪。

那一天，刘文林不知摔了多少跤，挑了多少趟，天黑下工，他领到 10.80 元报酬。他高兴极了。然而，当他拖着铅一样沉重的腿赶回家，一屁股坐在家门口时，母亲看着他脏乱不堪的衣服，看着他脓血不止的左腿，看着他红肿流血的双肩，失声痛哭起来。全家的担子压在这个残疾人身上，未免太沉重了！

麦收时节到了，刘文林不得不放下煤挑，回家收麦。这一亩多地的小麦收上来，能卖 200 多元钱，妹妹正等钱用呢！

正午的太阳烤得人浑身冒油。刘文林吃力地割着麦子，他的残腿被汗水、血水和脓水浸蚀着，疼痛难忍。他只想尽快割完麦子，好再去挑煤。他试着用一只脚蹲割，不久，这条腿也酸痛难忍了，他干脆一屁股坐在地上继续干……他心中装着他的妹妹！

回首往事，兄妹俩感慨万千。那是 1989 年 12 月 26 日中午，四川省交警总队事故科干部窦先友处理完刘文林的上访事宜后，出于同情，为刘文林买来一盒饭，并一定要看着他吃下去。刘文林说："你工作忙，我不耽误你的时间了，你快回家吧，我边走边吃。"明察秋毫的窦先友看出了他的心思，便顺水推舟，说："哦，我忘了，今天有人请我吃饭。这样吧，我这一份多余了，你带回去留着晚上吃，天气冷，不会坏的。"

刘文林感激不尽，一溜小跑来到中医学院。他从怀里取出还带着热气的两盒饭，交给了妹妹。正如他所料，妹妹这天中午不打算吃饭。

刘文林在交警总队和中医学院之间来回跑了8天，那两盒饭兄妹俩互相推让，推来推去，只吃下一盒，另一盒最后竟然变馊，不得不忍痛倒掉。为这盒馊饭，兄妹俩抱头痛哭了一场！

1993年，妹妹即将拿到渴望已久的大学毕业文凭。可是有一天，在做课间操时，体重不足30公斤的妹妹晕倒在地上。经诊断，她是因长期营养不良导致的低血糖和心肺衰竭，及时抢救后，保住了一条命。

刘文林接到学院的电报，丢下煤挑子就风风火火地赶来了。他跛着脚围着妹妹的病床忙个不停，接痰、擦汗、喂药，等妹妹稍稍安静下来，他便拉着她的手鼓励她说："最困难的时候都闯过来了，这一次你可要挺住，一定走上领取毕业证的主席台！一定！"

1993年7月28日，是妹妹人生道路上的一个里程碑，这一天，她领到了梦寐以求的大学毕业证。这仅仅是一张纸吗？不！这是刘文林兄妹8年来血泪和苦难的结晶！

美梦终于变成现实，而它的代价又是多么沉重！

尾 声

妹妹以优异的成绩从成都中医学院毕业后，无论何时何地，都保持着哥哥的优良品质。她吃苦耐劳，无私奉献，受到领导和同事们的一致好评。

　　刘文林孑然一身，拖着伤腿，肩负着8000多元债务和赡养老母的重任，默默挣扎，任劳任怨。眼下在他的心中，还装着一个梦，那就是继续支持妹妹考硕士、考博士……

　　我衷心地祝福他们！

贫困生，跋涉出亮丽人生

　　1997年8月，全国1000多所普通高校招生都实行了"并轨"制，不再分国家任务和调节性计划两类。这是继1994年全国37所名牌大学试行招生"并轨"以来，我国高等教育迈出的突破性的一步。面对同一录取分数线，所有考上高校的学生都得缴费上大学。于是随之也产生了一个"新生代"——高校贫困生。据资料表明，全国普通高校在校生约300万人，而经济困难的贫困生占总数15％，即45万人左右。据调查，他们主要来自边远落后的贫困地区，也有的是由于家庭发生了不幸的灾难和变故，如父母下岗、离异等，从而手头拮据，囊中羞涩，经济上勉强达到甚至难以达到学校所在地最基本的生活水平，一般无力缴纳学杂费、购置必要的生活和学习用品。

　　但是，这个因"并轨"而产生的特殊群体却向社会展示着他们的独特魅力。他们以坚强的毅力、吃苦耐劳的品质、刻苦学习的精神，向社会展示着一道绚丽的人生风景线：

　　在贫困中奋发可以自立成材，在奋发中可以升华人生！

秋天以其辉煌令人神往，以其悲壮令人瞩目，但它更以其深邃令人思索！下面，让我们一起走入贫困生的生活空间，循着清贫执着的心路，去体验生活的艰辛，感受生命的真谛。

回眸昨天，磨难中树起坚韧的旗帜

贫困生之所以能跨人大学的校门，成为"天之骄子"，并在今天的高校生活中立于不败之地，与昨天的磨难是息息相通的。

"我们在物质上匮乏，但我们在精神上富有。""休言女子非英物！"在贫困面前，湖北的江洁、江莎姐妹俩以她们感人的奋斗历程，向人们展示着坚强。当年卖冰棒挣学费的姐妹俩，如今皆以548分的好成绩，双双考入了武汉大学外语学院。这一消息不胫而走，似一颗炸弹震撼了邻居、师生："'鸡窝'里飞。出了一对'金凤凰'。"但是，在这耀眼的桂冠背后，却是一条坎坷崎岖的荆棘之路。

姐妹俩的父亲是湖北机床厂退休工人，母亲是该厂食堂的临时工，工资总共才400元，加上80元的民政补贴，就是全家的总收入。这是一个处于生活水平最低线的家庭。江洁、江莎上高中后，近600元的学费以及生活费，给贫困的家庭带来了沉重。困难并没能压倒姐妹俩，求知的渴望时刻激励着她们。高一暑假，姐妹俩毅然背上沉重的冰棒箱，每天到外面去叫卖，一分分挣取学费。最初还不适应，感觉害羞，可过不几天，也就无所谓了。毒毒的太阳，使人酷热难当，汗水浸透了她们的衣衫。有了上学的希望，她们品味这苦却是酸甜酸甜的。

在中学，姐妹俩每月才60元的伙食费。她们从不吃早饭，中午合吃一份盒饭，晚上一人一袋方便面。每天她们几乎都在经受着饥饿的煎熬，在饥饿中走入教室，又在饥饿中走出课堂，进入梦乡……每天早上5点半，锁着铁门的教学楼边，便能听到江洁朗朗的读书声，整个上午，维持她体力的仅仅是早上喝下的白开水。江莎习惯晚上学习，当大家进入甜蜜的梦乡时，她还在看书、做习题。

许多家庭条件较好的大学生，报名时拿着父母为他们准备好的学费和生活费，无忧无虑跨入神圣的殿堂。甚至有的父母不远千里陪伴刚考入大学的子女来到学校，一切为其安排妥当，方才放心地离去。等待这些学子的就是无忧无虑的大学生活，至少不为生活而时时忧心。他们感受不到人世间的苦涩、磨难，可贫困生却为上大学而时刻经受着生活的煎熬。

湖北大学的黄海涛谈起他的家和以前的求学经历，其间充满了无尽的辛酸和难言的苦涩。他那坚强的性格时刻感化着我。徜徉在他往日的生活中，我的心久久难以平静。那张让人一望便知"刚毅"的脸，似乎是他对生活的注解。

母亲在他童年时就不幸地离去了。上初三时，灾难又一次降临在他家。年仅24岁的大哥患肺癌去世，接着嫂子改嫁了，家中除剩下一屁股的外债，还有一个多病的父亲。于是17岁的他不得不辍学回家挑起生活的重担。家庭的不幸、生活的艰辛并没有动摇他求学

的渴望。辍学在家的日子里，他在劳动之余，争分夺秒，勤奋自学。第二年夏天，他考取了红安县一中。

考取高中本是件高兴的事，可对于黄海涛和他那穷困的家来说，无疑是又添了一副沉重的担子。望着无助的家，泪浸乡土，他一下成熟了许多，坚强了许多。他知道，大学的梦要靠自己圆，要读书，靠自己挣钱！

1992年夏天，他带上高中课本和借来的11元钱，孤身一人独闯武汉。在武汉，他夜宿火车站，白天找活。第二天仅有的五个烧饼吃光了，到第三天中午，他无奈地空着肚皮，无精打采地来到一个建筑工地。老板面带疑容，将他单薄的身体打量一番，指着边上的一堆沙子说：筛完它，就留下！

武汉，火炉！晌午的骄阳照射着，饥饿、热浪使黄海涛经受着双重折磨。但是，这个机会对他来说，是生命的起点和希望，几次差点倒下，他都硬挺过来，他不能让老板看出自身的虚弱。终于筛完了最后一锹沙子，他得到一份每天6元工钱的活儿。全天上班干11个小时，运沙、挑砖、扛水泥袋、打混凝土。每天干完活，他就拿出高中课本复习，民工们睡觉熄灯，他就点蜡继续学习。他干的全是重体力活，但却舍不得用钱买好的饭菜，他要攒钱回去读书。他时常是在饥饿中干活，一有加班任务，就抢着干。为了能够拿双倍的工钱，有一次他竟连续干了三天三夜。

往事不堪回首！每当回想起这段时光，心有余悸的他认为人生最可怕的莫过于饥饿。

往事也堪回首！这些生活的磨难铸就了他不屈的人生。以后的困难很多，以后的困难更大，他都将会直面人生。

苦可以折磨人，也可以锻炼人。上大学二年级时，黄海涛就通过了英语四级考试。现今他已是数家报刊的特约记者，1994年底发表文章以来，他先后有10余万字的作品被《人民日报》《中国青年报》等20多家报刊采用，还光荣地加入了中国共产党。

正视今天，"骄子"路延续着自强不息

贫困生们衣着俭朴，面容清瘦，一日三餐吃的是便宜的饭菜，有的甚至是盐水泡米饭。中国农业大学的一名大学生竟因无钱买食堂的菜，到校医院开板蓝根冲剂泡饭吃。

贫困生并未消沉。他们高呼着一个发人深思、颇具哲理的口号：

苦难是一所大学；苦难也是一笔财富！

水激石则鸣，人激志更宏。我所了解的周天翠，已坚强地走过了三年大学路，以"红颜不让须眉"的气概继续前行。周天翠自踏进重庆工业管理学院以来，利用勤工助学的机会，不仅解决了自己的"经济危机"，并且还资助家中的两个弟弟，其中一个已考上大学，另一个也是成绩优异的中学生。她说，当初穷困的家给不了她多少经济上的资助，她也不忍心伸手向家里要钱。因此，大学的路只能靠自己去走，靠自己去生存、去完成学业！生命的寂寞和苍白

本不该属于她，但她都一点点承受了，纤弱的心灵在磨炼中一天天坚强起来。刚进大学校门时，她就投身于边学习边打工的快节奏中了，脑子里成天装的就是班上的工作和需要完成的功课，经济上考虑今天要挣多少钱？明天要用多少？怎样才能更节省？她抓紧课间休息间隙完成作业、复习功课，午休时间就到院教材科装订书籍，晚上家教完毕又去装订书籍，直到深夜11点。假期，那就更是一身兼数职了，整天奔波于几个打工点。一次，由于过度疲劳，晕倒在工作间里。谈起这些苦涩的往事，周天翠没有丝毫的哀怨，一丝笑意从眼角旁露出来，迅速占领整个脸庞，让你感觉到自强者的刚强。

人不仅仅只是为了活着而活着，要在生存中求发展。若一味地将自己定位在贫困的位置上，不能够解脱自己，还能谈自立吗？

甄国亮是来自广州的一名大学生。母亲下岗，父亲又常生病。入学初，他的心情异常沉重。但是，这样下去能解决问题吗？在夜晚，窗外每一盏稀疏的灯火都令他想起千里之外家的震颤。当太阳升起的时候，黑夜卷走了他所有的忧虑，他体验到一个人独处的滋味，感到一种新的渴望在体内拔节、生长。他毅然向学校申请勤工助学。学校将他安排在洗衣房，每月干8次，每天中午12点半上班，晚上8点多才下班，每次洗70多桶，报酬20元。虽然工作很辛苦，但对于几乎没有经济来源的甄国亮来说却感到莫大的欣慰。欣慰的是每月不再伸手向家要钱，自己助学中能够自理自立，顺利完成学业；欣慰的是让父母了却一块沉重的心愿。

通过参加校内外的勤工助学、打工等活动，不仅使经济困难的学生获得报酬，得到资助，而且锻炼了学生们的能力，增长了才干，增加了社会知识，开阔了视野，培养了劳动观念，丰富了社会经验。生活的唐炼，使他们变得比别人更为成熟、自信……谈起这些，贫困生皆引以为豪，同学们也向这个特殊群体投去羡慕的目光。

（陈良泽）